JN016601

みんなが欲しかった!

電験三種 合格へのはじめの一歩

TAC出版
開発グループ 編著

TAC出版
TAC PUBLISHING Group

はしがき

本書を手にとられている方は，すでに「電験三種」に興味がある方が多いのではないでしょうか。本書は，「電験三種」を短期間で合格するための特別な下準備を行う本です。

電験三種を短期間で取得する秘訣は，①全体像を把握すること，②基礎となる土台を習得しておくことです。これが本書には凝縮されています。

1．全体像を把握すること

電験三種の学習範囲は膨大かつ難解です。そこで，本書はイラストを多用して試験概要・出題内容をなんとなく把握できるようにしました。

全体のイメージを持っているだけで，本格的な学習を始めたとき理解が促進され，ほかの受験生に圧倒的な差をつけることができるはずです。

2．基礎となる土台を習得しておくこと

電験の参考書の多くは数学の知識を前提としています。したがって，sin，cosなどを学生の頃以来触れておらず，「なんだったかな」と忘れてしまっている場合は本書で確認して下さい。電験三種に必要なものにしぼっているので効率的に学習が進むはずです。

これから学習される方も，すでに学習されている方もぜひとも本書を一読して，短期合格のためのからくりを仕込んだ特別な「合格へのはじめの一歩」を踏み出しましょう。

2024年２月

TAC出版開発グループ

●第３版刊行にあたって

本書は『みんなが欲しかった！　電験三種合格へのはじめの一歩』につき，学習者の声や近年の試験傾向，CBT方式の導入に基づき，改訂を行ったものです。

本書の特長と効果的な学習法

1 「オリエンテーション編」で試験，資格について知りましょう！

まずはスタートアップ講座からはじめましょう！　電験三種の仕事の内容や試験の形式や制度，学習法，資格取得後にどうキャリアアップするかなどが，イラストとともにわかりやすく書かれています。

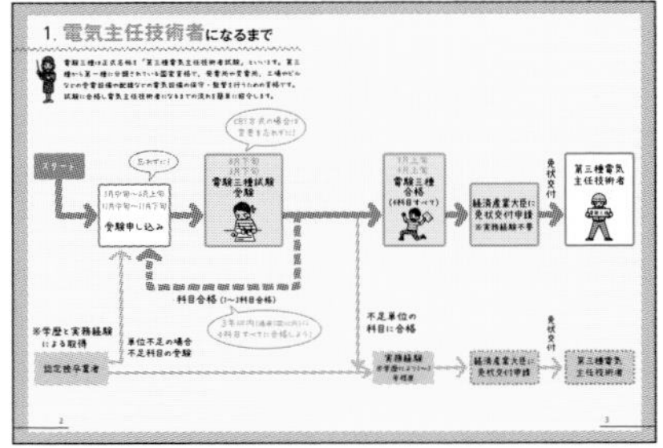

2 「入門講義編」で電験の学習内容の概要を学びましょう！

高校の物理で習う電気の基本的な内容や，電験三種の試験科目の全体像が押さえられるようになっています。電気の詳しい学習内容が初学者の方でも無理なく読めるよう，イラストとともにわかりやすく記述されています。各試験科目の入門講義の最後には「試験問題にチャレンジ」を設けました。実際にどのような問題が出題されるのかを体感しましょう。

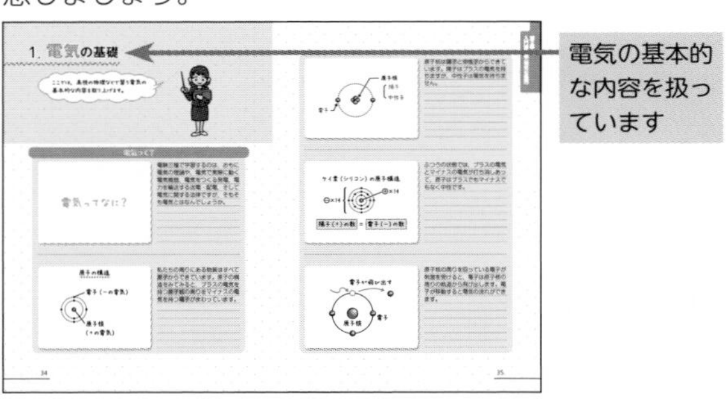

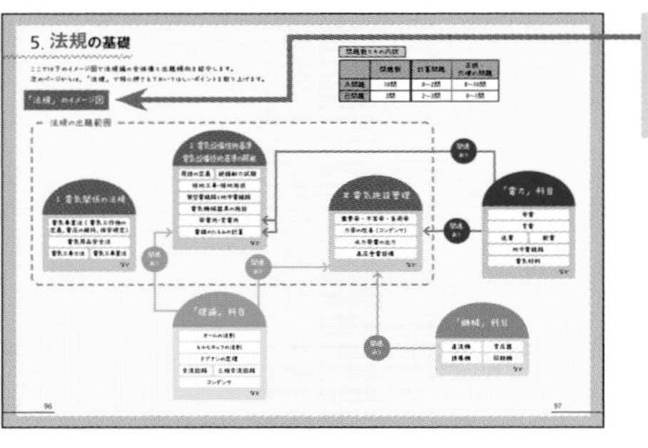

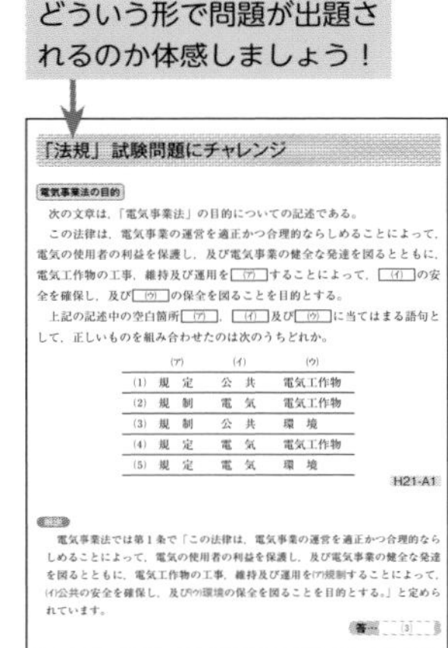

どういう形で問題が出題されるのか体感しましょう！

「法規」試験問題にチャレンジ

電気事業法の目的

次の文章は，「電気事業法」の目的についての記述である。

この法律は，電気事業の運営を適正かつ合理的ならしめることによって，電気の使用者の利益を保護し，及び電気事業の健全な発達を図るとともに，電気工作物の工事，維持及び運用を (ア) することによって，(イ) の安全を確保し，及び (ウ) の保全を図ることを目的とする。

上記の記述中の空白箇所 (ア)，(イ) 及び (ウ) に当てはまる語句として，正しいものを組み合わせたのは次のうちどれか。

	(ア)	(イ)	(ウ)
(1)	規　定	公　共	電気工作物
(2)	規　制	電　気	電気工作物
(3)	規　制	公　共	環　境
(4)	規　定	電　気	電気工作物
(5)	規　定	電　気	環　境

H21-A1

解説

電気事業法では第1条で「この法律は，電気事業の運営を適正かつ合理的ならしめることによって，電気の使用者の利益を保護し，及び電気事業の健全な発達を図るとともに，電気工作物の工事，維持及び運用を(ア)規制することによって，(イ)公共の安全を確保し，及び(ウ)環境の保全を図ることを目的とする。」と定められています。

答…(3)

3 「電験のための数学編」でほかの初学者に差をつけよう！

電験試験は計算問題が多く出題されますが，電験に必要な数学の内容をコンパクトにまとめています。文系出身の方でもわかりやすい平易な本文と，重要ポイントが一目瞭然の板書でスラスラ読み進めることができます。さらに，本文と板書の内容をそのつど確認できる「基本例題」に挑戦して電験に合格するための数学力を身につけましょう。

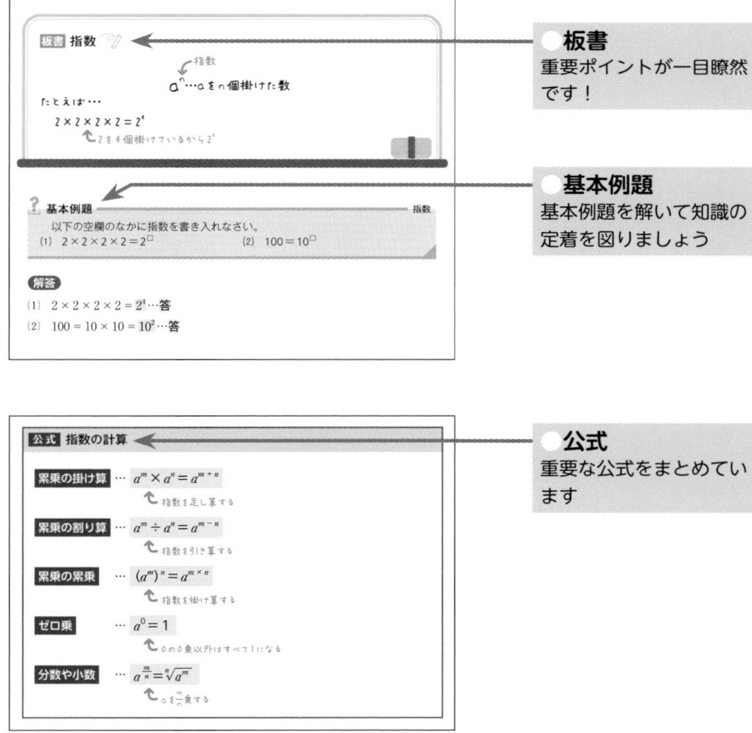

CONTENTS

第1部　オリエンテーション編

スタートアップ講座

1．電気主任技術者になるまで …… 2
2．電気主任技術者の業務を徹底解剖！ …… 4
3．電験三種試験を徹底解剖！ …… 8
●CBT試験のポイント …… 16
4．電験三種学習法！ …… 22
5．電験三種の試験科目の概要 …… 30
6．合格後は…？ …… 32

第2部　入門講義編

1．電気の基礎 …… 40
●電験三種に必要なおもな単位 …… 51
2．理論の基礎 …… 52
3．電力の基礎 …… 70
4．機械の基礎 …… 86
5．法規の基礎 …… 104
●電験でよく使われるギリシャ文字とその用途 …… 121

第3部　電験のための数学編

SECTION01　分数の計算 …… 124
SECTION02　平方根と指数 …… 132
SECTION03　対数 …… 153
SECTION04　一次方程式 …… 160
SECTION05　二次方程式 …… 176
SECTION06　最小定理 …… 192
SECTION07　三角比と三角関数 …… 199
SECTION08　ベクトル …… 226
SECTION09　複素数 …… 240

索引 …… 254

第1部　オリエンテーション編

スタートアップ講座

1. 電気主任技術者になるまで

電験三種は正式名称を「第三種電気主任技術者試験」といいます。第三種から第一種に分類されている国家資格で，発電所や変電所，工場やビルなどの受電設備や配線などの電気設備の保守・監督を行うための資格です。試験に合格し電気主任技術者になるまでの流れを簡単に紹介します。

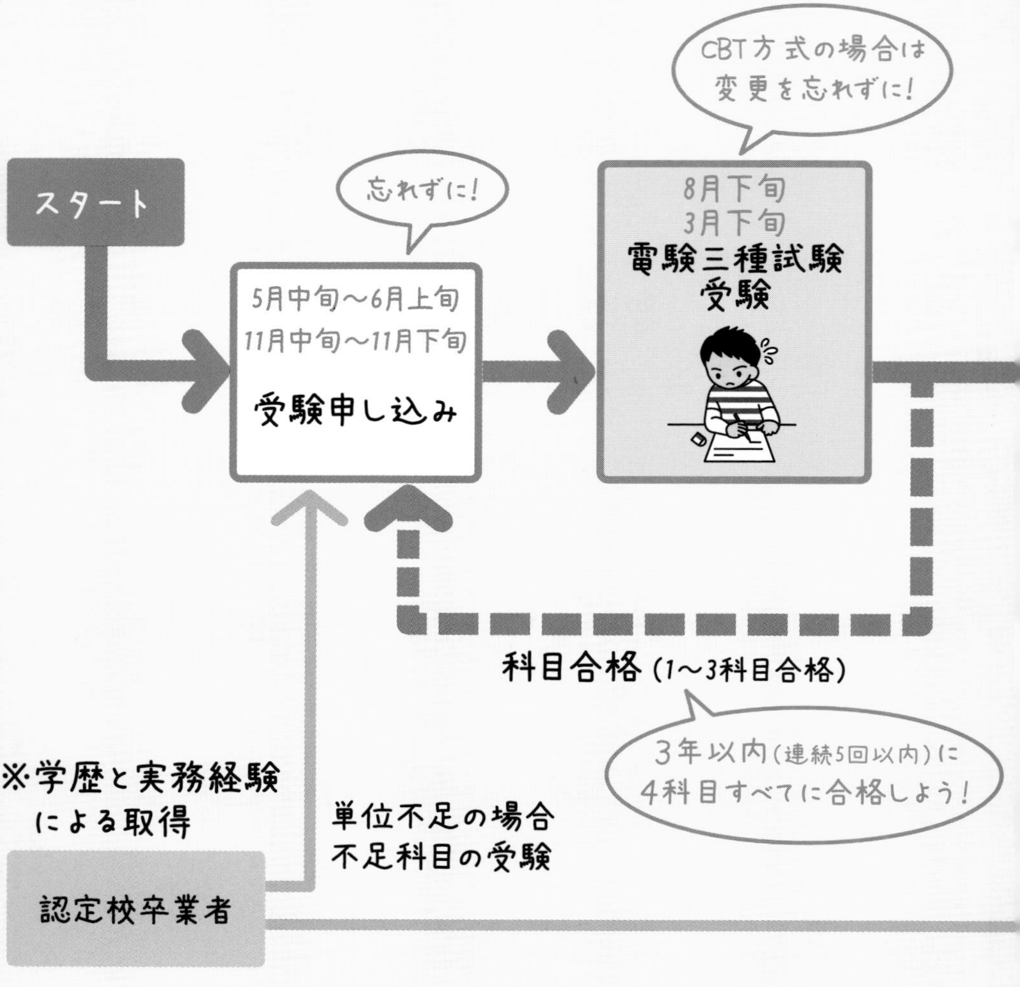

CBT方式の場合は変更を忘れずに！

スタート

忘れずに！

5月中旬～6月上旬
11月中旬～11月下旬
受験申し込み

8月下旬
3月下旬
電験三種試験受験

科目合格（1～3科目合格）

3年以内（連続5回以内）に4科目すべてに合格しよう！

※学歴と実務経験による取得

単位不足の場合
不足科目の受験

認定校卒業者

9月上旬
4月上旬
電験三種
合格
(4科目すべて)

経済産業大臣に
免状交付申請
※実務経験不要

免状交付

第三種電気
主任技術者

不足単位の
科目に合格

実務経験
※学歴により1〜3
年程度

経済産業大臣に
免状交付申請

免状交付

第三種電気
主任技術者

2. 電気主任技術者の業務を徹底解剖!

本格的な学習に入る前に,
まず電気主任技術者の業務について
みていきましょう。

電気主任技術者=電気のスペシャリスト

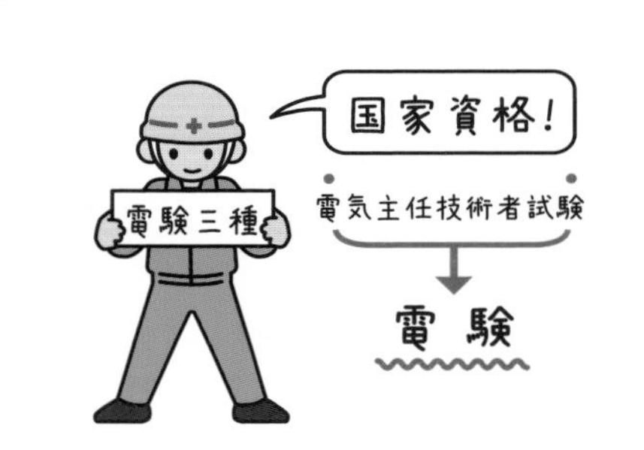

電気主任技術者は電気事業法で定められている「国家資格」です。発電所や変電所,工場やビルなどの受電設備や配線などの電気設備の保守・監督を行うための,いわば電気のスペシャリストです。

電気主任技術者の業務

電気主任技術者の業務は,発電所や変電所,工場やビルなどの受電設備や配線などの電気設備の保安・監督です。

電気事業法では,電気設備を設けている事業主に対して,工事・保守や運用など保安の監督者として電気主任技術者を選任しなければならないと定められています。

電気設備の管理は，電気主任技術者の資格を有していなければ行うことができない「独占業務」です。

第一種～第三種の違い

第一種	すべての事業用電気工作物
第二種	電圧が17万ボルト未満の事業用電気工作物
第三種	電圧が5万ボルト未満の事業用電気工作物（出力5千キロワット以上の発電所を除く）

第一種～第三種は，扱う対象となる電気工作物が違います。

電験三種は電気主任技術者の試験のなかでも登竜門的なものですが，それでも試験範囲は広く，合格率もここ数年は10%を下回ることもあるなど，難易度の高い試験です。

電気工作物ってどんなもの?

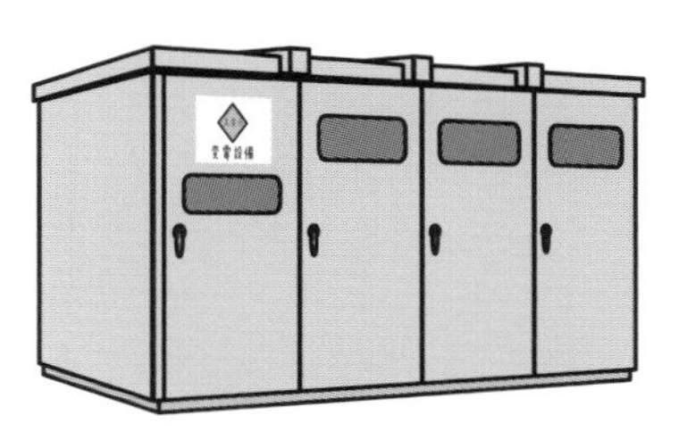

電気工作物とは，建物などに設置される発電や変電，送配電のための設備のことです。

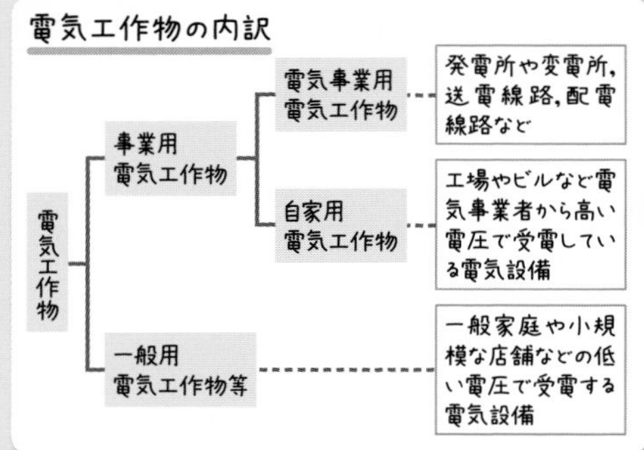

電気工作物は左の図のように分類されます。事業用電気工作物とは，発電所や変電所などの電気事業用電気工作物と自家用電気工作物の総称のことをいいます。
電気主任技術者が選任される電気工作物は事業用電気工作物となります。

電気主任技術者と電気工事士の違いって？

電気に関する資格には電気主任技術者とは別に，電気工事士というものがあります。

２つは学習内容で重複するところもありますが，電気主任技術者は保安・監督のための資格，電気工事士は工事現場で電気工事を行うための資格です。

電気主任技術者と電気工事士

電気主任技術者

- 電気設備の保安・監督をするための資格

電気工事士

- 電気設備の工事を行うための資格

電気工事士は電験と比べると難易度が低いので，電気工事士の学習をしてから電験をめざす人もいます。

電気主任技術者が活躍する場面って?

電気主任技術者は電気業界のみならず，鉄道や建設，ビル管理業界など求められる場は多く，活躍する場面がたくさんあります。

特に電験の資格保有者が少ないことや，社会のオール電化などが進んでいることもあり，資格保有者のニーズは高まっています。

電気主任技術者の資格を持っていると，異業種からの転職が可能です。

また，すでに電気や建設の業界にいる人も，昇進や手当てがつくなどキャリアアップが可能です。

電気主任技術者は独立開業が可能な職種です。

電気主任技術者が独立するためには，一定の実務経験と経済産業大臣の認可が必要です。

まずは，企業で実務経験を積み，その後に独立するかどうかを検討しましょう。

3. 電験三種試験を徹底解剖!

電験三種は毎年6万人以上の人がめざすとても人気のある資格です。ここでは,電験三種試験のアレコレをみていきます。CBT試験はp.16からまとめています。

試験概要を徹底解剖

本試験スケジュール

電験三種の筆記試験は年2回，毎年8月下旬と3月下旬の日曜日に，全国47都道府県で行われます。

試験は例年，下記のようなスケジュールで行われます。

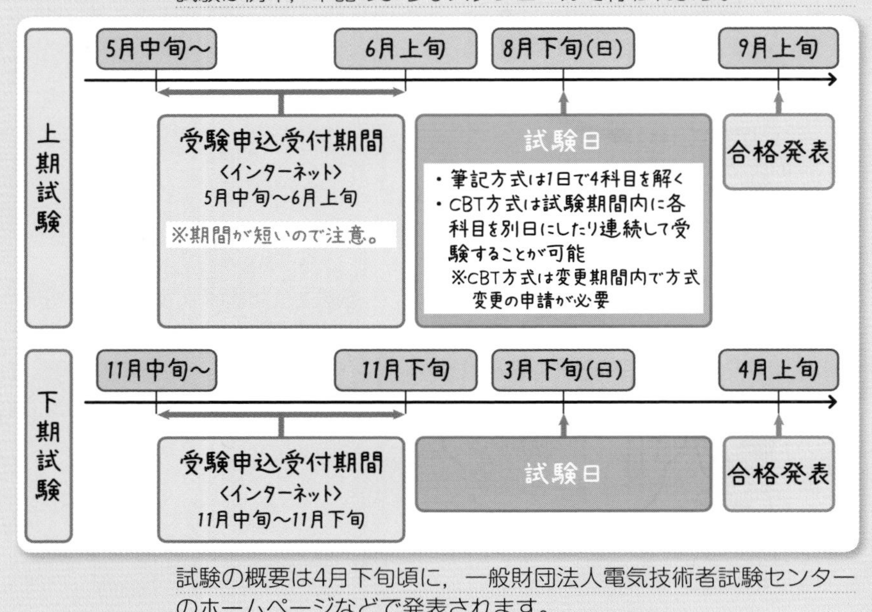

試験の概要は4月下旬頃に，一般財団法人電気技術者試験センターのホームページなどで発表されます。

筆記試験の概要と受験資格

試験の概要（1）

試験方式	マークシート
試験会場	全国47都道府県
試験日	毎年8月下旬と3月下旬の日曜日

筆記試験の概要です。詳しくはあとで触れますが，１日で４科目の試験を解くことになります。

筆記方式は５肢択一でマークシート方式です。
CBT方式についてはp.16からの「CBT試験のポイント」を確認して下さい。

試験の概要（2）

試験科目	理論，電力，機械，法規の4科目
試験時間	理論，電力，機械が90分，法規が65分

試験の概要（3）

受験資格	なし

年齢や学歴，実務経験などの受験資格は一切ありません。

試験に関する問合せ先はコチラ

一般財団法人電気技術者試験センター
〒104-8584 東京都中央区八丁堀 2-9-1　RBM 東八重洲ビル 8 階
https://www.shiken.or.jp/

試験科目と問題形式

試験科目と問題数

電験三種の試験科目は４科目で，それぞれ次のような範囲と問題数で出題されます。

	理論	電力	機械	法規
範囲	電気理論，電子理論，電気計測及び電子計測に関するもの	発電所，蓄電所及び変電所の設計及び運転，送電線路及び配電線路（屋内配線を含む。）の設計及び運用並びに電気材料に関するもの	電気機器，パワーエレクトロニクス，電動機応用，照明，電熱，電気化学，電気加工，自動制御，メカトロニクス並びに電力システムに関する情報伝送及び処理に関するもの	電気法規（保安に関するものに限る。）及び電気施設管理に関するもの
問題数	A問題　14問 B問題　3問 （選択問題を含む）	A問題　14問 B問題　3問	A問題　14問 B問題　3問 （選択問題を含む）	A問題　10問 B問題　3問

問題数と配点

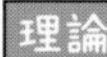

◆A問題14問×各5点
◆B問題3問（選択問題含む）×各10点

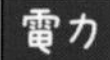

◆A問題14問×各5点
◆B問題3問×各10点

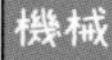

◆A問題14問×各5点
◆B問題3問（選択問題含む）×各10点

法規
◆A問題10問×各6点
◆B問題3問×各13～14点

各科目ともA問題，B問題に分かれています。A問題は１つずつの小問です。B問題は１つの問題が(a)と(b)の２つの小問からなり，(b)は(a)の答えや計算過程を利用するケースが多いです。

問題形式

問題形式は計算問題，正誤判定問題，穴埋め問題です。

計算問題

B問題（配点は1問題当たり(a)5点，(b)5点，計10点）

問15　図のように，r[Ω]の抵抗6個が線間電圧の大きさV[V]の対称三相電源に接続されている。b相の×印の位置で断線し，c－a相間が単相状態になったとき，次の(a)及び(b)の問に答えよ。

ただし，電源の線間電圧の大きさ及び位相は，断線によって変化しないものとする。

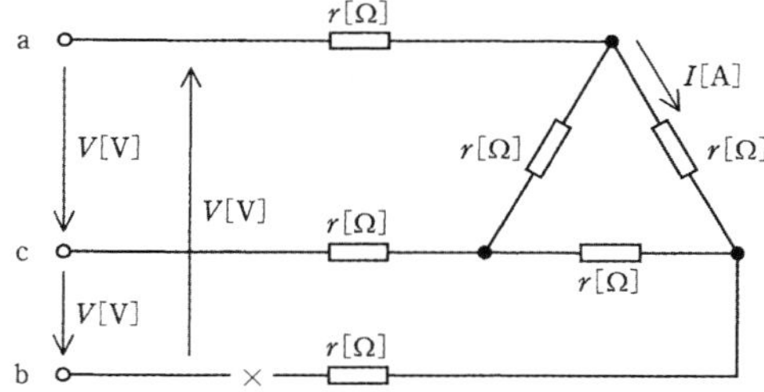

(a)　図中の電流Iの大きさ[A]は，断線前の何倍となるか。その倍率として，最も近いものを次の(1)～(5)のうちから一つ選べ。

5肢択一です。

(1)　0.50　(2)　0.58　(3)　0.87　(4)　1.15　(5)　1.73

(b)　×印の両側に現れる電圧の大きさ[V]は，電源の線間電圧の大きさV[V]の何倍となるか。その倍率として，最も近いものを次の(1)～(5)のうちから一つ選べ。

(1)　0　(2)　0.58　(3)　0.87　(4)　1.00　(5)　1.15

（平成28年度「理論」より）

B問題は2つの小問から成り立っています。

正誤判定問題

問11　半導体に関する記述として，誤っているものを次の(1)～(5)のうちから一つ選べ。

誤りの文章を選ぶ。

(1)　極めて高い純度に精製されたシリコン(Si)の真性半導体に，価電子の数が3個の原子，例えばホウ素(B)を加

(2)　真性半導体に外部から熱を与え　する。

(3)　n形半導体のキャリアは正孔よ

(4)　不純物半導体の導電率は金属よ

(5)　真性半導体に外部から熱や光な　向きは正孔の移動する向きと同じ

問12　電荷q[C]をもつ荷電粒子が磁束密度B[T]の中を速度v[m/s]で運動するとき受ける電磁力はローレンツ力と呼ばれ，次のように導出できる。まず，荷電粒子を微小な長さΔl[m]をもつ線分とみなせると仮定すれば，単位長さ当たりの電荷(線電荷密度という。)は$\dfrac{q}{\Delta l}$[C/m]となる。次に，この線分が長さ方向に速度vで動くとき，線分には電流$I=\dfrac{vq}{\Delta l}$[A]が流れていると考えられる。そして，この微小な線電流が受ける電磁力は$F=BI\Delta l\sin\theta$[N]であるから，ローレンツ力の式$F=$ (ア) [N]が得られる。ただし，θはvとBとの方向がなす角である。FはvとBの両方に直交し，Fの向きはフレミングの (イ) の法則に従う。
では，真空中でローレンツ力を受ける電子の運動はどうなるだろうか。鉛直下向きの平等な磁束密度Bが存在する空間に，負の電荷をもつ電子を速度vで水平方向に放つと，電子はその進行方向を前方とすれば (ウ) のローレンツ力を受けて (エ) をする。
ただし，重力の影響は無視できるものとする。

上記の記述中の空白箇所(ア)，(イ)，(ウ)及び(エ)に当てはまる組合せとして，正しいものを次の(1)～(5)のうちから一つ選べ。

	(ア)	(イ)	(ウ)	(エ)
(1)	$qvB\sin\theta$	右　手	右方向	放物線運動
(2)	$qvB\sin\theta$	左　手	右方向	円運動
(3)	$qvB\Delta l\sin\theta$	右　手	左方向	放物線運動
(4)	$qvB\Delta l\sin\theta$	左　手	左方向	円運動
(5)	$qvB\Delta l\sin\theta$	左　手	右方向	ブラウン運動

穴埋め問題

(平成28年度「理論」より)

持ち込み可能なもの

持ち込み可能なもの

- 筆記用具
- 定規
- 時計
- 電卓 → 忘れないように！

※CBT方式では電卓のみ

持ち込み可能なものは，筆記用具のほか，定規と時計，電卓です。

持ち込める電卓

四則計算機能のみのものに限る

× プログラム機能
× メロディ(音声)機能

関数電卓は持ち込むことはできませんが，√キーやメモリーキーのついた電卓を強く推奨します。

タイムスケジュールと解答時間の目安

電験三種の筆記試験は１日で全科目が行われます。タイムスケジュールは下記のとおりです。

科目	理論	電力	昼休み	機械	法規
時間	9:15～10:45 (90分)	11:25～12:55 (90分)		14:15～15:45 (90分)	16:25～17:30 (65分)

解答時間の目安

A問題3～4分，B問題10～12分

法規　A問題2～3分，B問題6～8分

理論，電力，機械はそれぞれ90分で17題，法規は65分で13題を解かなければなりません。理論，電力，機械はA問題を１題３～４分，Ｂ問題を１題10～12分，法規はA問題を１題２～３分，Ｂ問題を１題６～８分で解くのが目安です。

合格基準

合格基準

- 理論，電力，機械，法規すべてで合格基準点以上の得点を取る

→全科目をバランスよく学習しましょう

電験三種試験の合格基準は，合格発表時に公表されます。

試験の合否は科目別に判定されます。4科目すべてに合格すれば第三種電気主任技術者試験合格となります。

確実な合格ライン

- 各科目　60点以上

→1つでも満たさないと不合格

→合格点を超えた科目は「科目合格」

目安としては，各科目とも60点以上ですが，試験が難しい場合は合格点が引き下げられることもあります。

過去10年の合格基準は次のとおりです。

	理論	電力	機械	法規
2014年度	55（点）	60（点）	55（点）	58（点）
2015年度	55	55	55	55
2016年度	55	55	55	54
2017年度	55	55	55	55
2018年度	55	55	55	51
2019年度	55	60	60	49
2020年度	60	60	60	60
2021年度	60	60	60	60
2022年度	60／60	60／60	55／60	54／60
2023年度	60／—	60／—	60／—	60／—

※2022年度以降は年2回実施。それぞれ上期／下期を示す。

科目合格制度

科目合格制度

- 一部の科目のみ合格の場合，連続して5回まで有効

→つまり，3年以内に合格すればOK

- 申込時に申請が必要

試験は科目ごとに合否が決まります。4科目すべてではなく，一部の科目にのみ合格した場合は，科目合格となり，以降連続して5回までは申請により試験が免除されます。

科目合格をうまく使って3年（連続5回）以内に合格するようにしましょう。

科目合格の例

有効期間は2年間

3年目で合格できないと，1年目に合格していた理論を再度受験しないといけなくなる

	1年目（上期）	1年目（下期）	2年目（上期）	2年目（下期）	3年目（上期）	3年目（下期）
理論	85点 ○	免除	免除	免除	免除	免除
電力	50点 ×	60点 ○	免除	免除	免除	免除
機械	40点 ×	45点 ×	50点 ×	55点 ×	50点 ×	70点 ○
法規	30点 ×	35点 ×	49点 ×	55点 ×	81点 ○	免除
合否	不合格	不合格	不合格	不合格	不合格	合格

つまり　翌年と翌々年まで合格した科目を免除申請できる！

CBT試験のポイント

CBT方式の申し込み

CBT方式とは,「Computer Based Testing」の略で，コンピュータを使った試験方式のことです。テストセンターで受験し，マークシートではなく，解答をマウスで選択して行います。

CBT方式とは？

- コンピュータを使った試験方式
- テストセンターで受験
- マークシートではなくマウスで解答
- CBT方式を希望する場合は，変更の申請が必要

→申請しないと筆記方式のまま

CBT方式で受験するには受験申し込み後の変更期間内に申請が必要です。変更の申請をしないと筆記方式での受験となります。

CBT試験の試験日程

- CBT方式は筆記よりも日程が前

例 令和6年度上期
CBT：2024年7月4日～28日
筆記：2024年8月18日（日）
令和6年度下期
CBT：2025年2月6日～3月2日
筆記：2025年3月23日（日）

CBT試験は筆記方式より前に設けられた試験実施日程（上期は7月，下期は2月）で，CBT会場の予約が必要です。

試験日の選択

○1日に4科目連続で受験
○各科目を別日で受験
例 「理論」「電力」「機械」「法規」をそれぞれ別の日に受験
例 「理論」と「電力」,「機械」と「法規」を同じ日に受験
×筆記とCBTを併用
例 「理論」のみ筆記，ほかはCBT

1日で4科目を連続して受験することも，各科目を別日で受験することも可能ですが，筆記方式とCBT方式の併用はできません。

当日の持ち物

• 電卓
→なくてもPCの電卓を使うことはできる
• 本人確認証

CBT方式では受験票が発送されないので受験日などを間違わないようにしましょう。また，当日は本人確認証が必要ですので忘れないようにしましょう。

試験までの準備

試験実施団体で体験版があるので，操作方法などを確認しておきましょう。

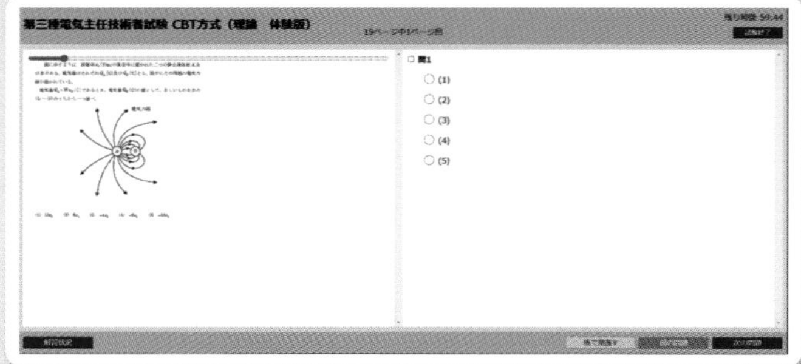

※実施団体の体験版

試験当日は?

当日は30分前に

- 30分～5分前には会場に着く
- 30分遅刻すると受験できない
- 本人確認証を忘れずに!

当日は受験時刻の30分～５分前までに会場に着くようにしましょう。開始時刻から30分遅刻すると受験することはできません。また，遅刻すると遅刻した分受験時間が短くなります。

メモ用紙と筆記用具が貸与されます。持ち込みが可能なのは電卓のみで自分の筆記用具も持ち込みはできません。
メモ用紙はA4用紙１枚です。電卓はPCの電卓機能を使うことができますが，できるだけ使い慣れた電卓を持っていきましょう。

PC画面のイメージ

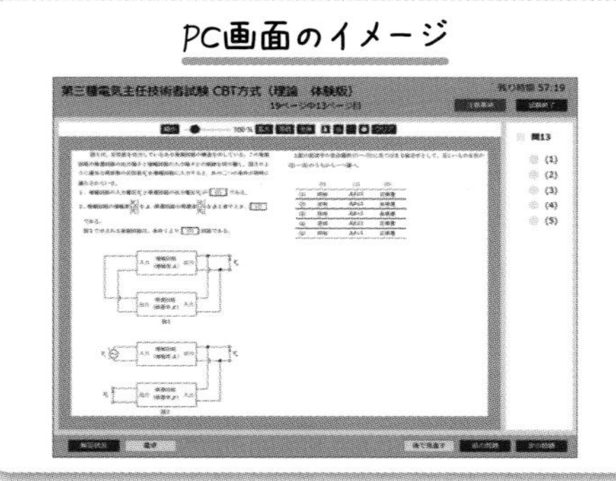

PCでは画面内のペンツールを使うことができますが，マウス操作のみです。計算などは配布されたメモ用紙を使いましょう。

メモ用紙について

- 科目ごとに配布，交換される
- 問題に書き込む場合は，PC画面内のペンツールを使う

配布されたメモ用紙（A4）は科目ごとに交換されます。試験中に追加が可能ですが，とくに計算問題の多い理論科目などはスペースを計画的に使うようにしましょう。

CBT方式の出題

- 人によって異なる問題が出題
- 電験三種以外を受験する人もいるので注意

CBT方式の試験問題は人によって異なる問題が出題されます。比較的過去問のなかでもオーソドックスな問題が出題されるので慌てずに解きましょう。また，テストセンターでは電験三種以外の試験を受ける人もいるので，注意しましょう。

終了後は…？

- あわてずに自分の実力を出せるようにがんばろう！

終了後にその場で得点が表示されます。
つづけてほかの科目を受験する場合は７分間の休憩をとることができます。その場合，メモ用紙の交換が必要なので注意しましょう。メモ用紙は持ち帰ることができません。

データによる徹底解剖

受験者数・合格者数

電験三種の過去10回の受験者数，合格率などは次のとおりです。

電験三種の過去10回の受験者数，合格率

	2015（H27）年	2016（H28）年	2017（H29）年	2018（H30）年	2019（R1）年	2020（R2）年	2021（R3）年	2022（R4）年上期	2022（R4）年下期	2023（R5）年上期
申込者（人）	63,694	66,896	64,974	61,941	59,234	55,406	53,685	45,695	40,234	36,978
受験者（人）	45,311	46,552	45,720	42,976	41,543	39,010	37,765	33,786	28,785	28,168
合格者（人）	3,502	3,980	3,698	3,918	3,879	3,836	4,357	2,793	4,514	4,683
合格率	7.7%	8.5%	8.1%	9.1%	9.3%	9.8%	11.5%	8.3%	15.7%	16.6%
科目合格者（人）	13,389	13,457	12,176	12,335	13,318	11,686	12,278	9,930	8,269	9,252
科目合格率	29.5%	28.9%	26.6%	28.7%	32.1%	30.0%	32.5%	29.4%	28.7%	32.8%

受験申込者数や受験者数，合格率の推移をグラフに示すと下のとおりです。

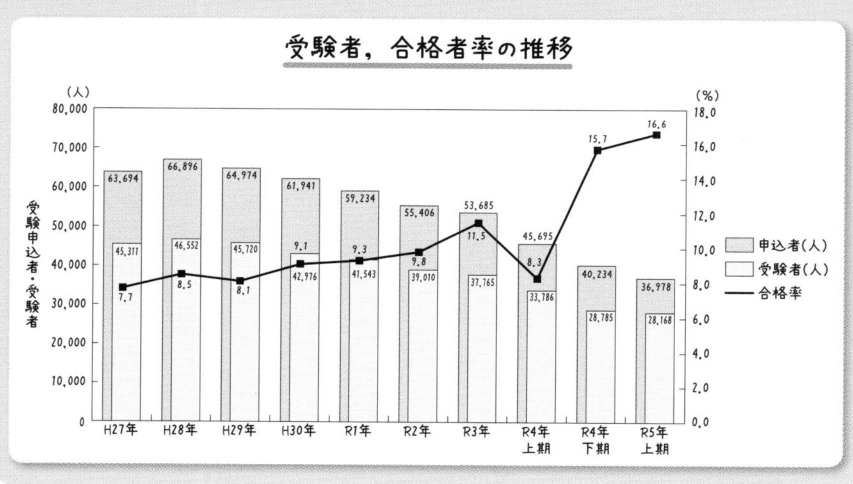

受験者の年齢構成・受験回数・職業別属性

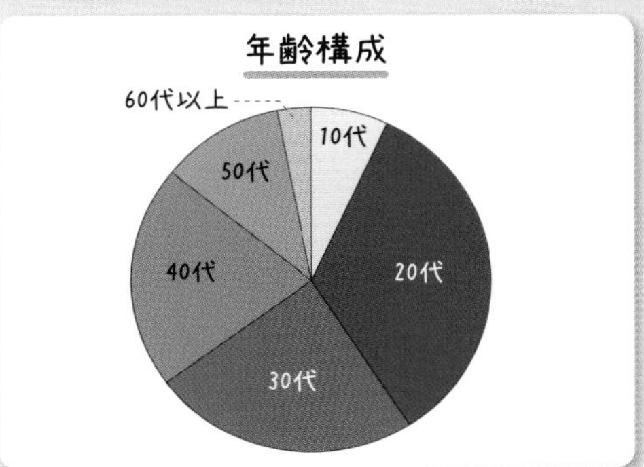

続いて，2022年度の受験者について細かいところをみていきましょう。

まずは受験者の年齢構成はこんな感じ。

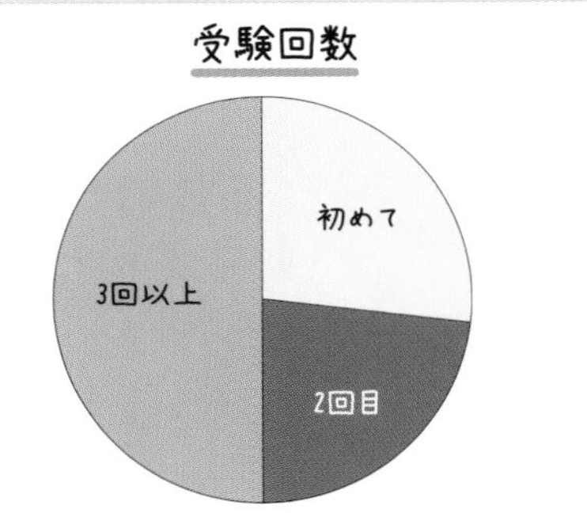

そして，受験回数はこんな感じ。3回目以上の人も多いですね。

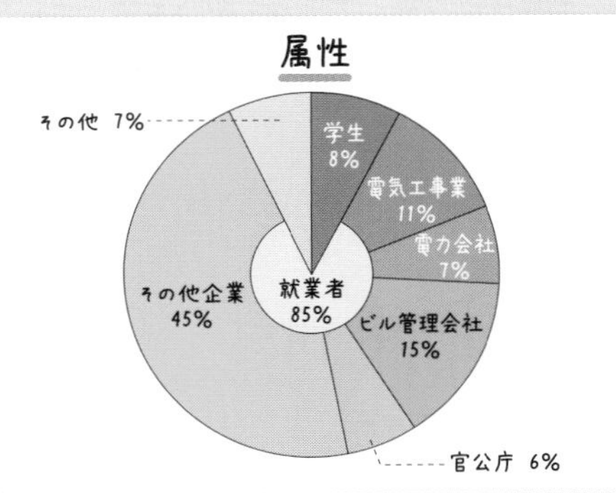

受験者の属性もみてみましょう。就業している方が多いですね。勤務先では電力業界以外の方も多く受験しています。

電気技術者試験センター「令和4年度電気技術者試験受験者実態調査」より

4. 電験三種学習法!

学習スタート!…と，その前に，学習スケジュールの立て方，
書籍の選び方などについて説明します。

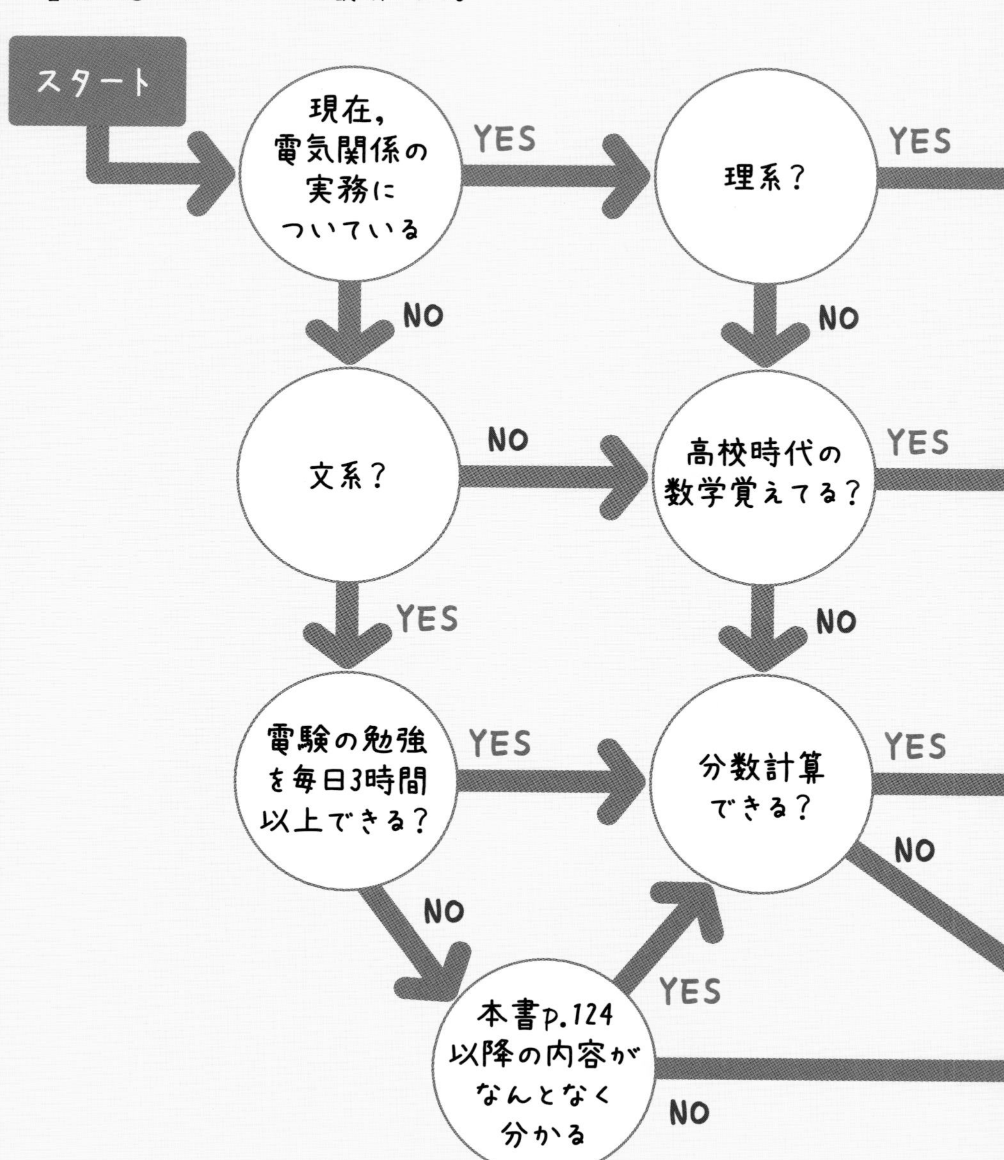

学習期間のおおよその目安をここでつかみましょう!

大学や高校で電気を学んだ?

YES

NO

①超速コース

実務も知識の下地もあるので，さっそく4科目の学習に入りましょう。

②半年〜1年コース

何らかの下地はあるので，4科目の学習に入りましょう。そして，確実に一発合格をめざしましょう!

③1年コース

文系だったり，学生のときに習ったことを忘れていても大丈夫! まずは本書をマスターしてから学習に入れば一発合格も可能です。

④2年コース

まずは本書にある数学の知識を確実に身につけましょう。その後，「理論」をマスターしましょう。2年計画といえどもどれか科目を捨てるのではなく，4科目を満遍なく学習しましょう。

本試験までのスケジュール（前ページの①②③）

一発合格のためのスケジュールです。全科目を満遍なく学習するようにしましょう。
前ページで①の超速コースになった場合は，下記のスケジュールよりも少なめの学習時間でマスターすることが可能です。
数学に不安がある人は最初に数学を，大丈夫そうな人はまずは理論から学習しましょう。
苦手なところは講習会を受講してもよいでしょう。

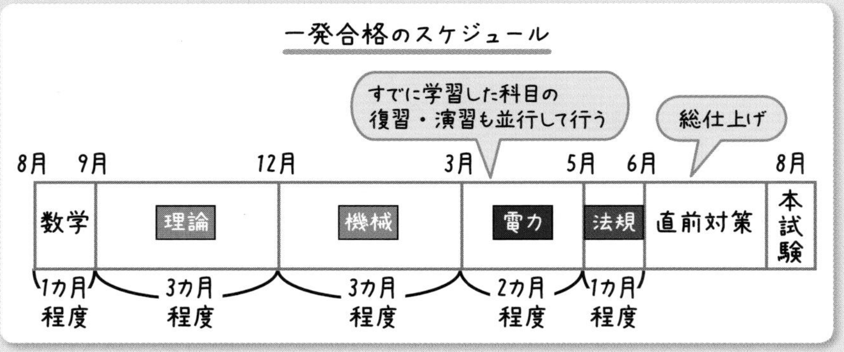

2年計画の場合のスケジュール（前ページの④）

次に，2年で合格をめざすパターンをみてみましょう。

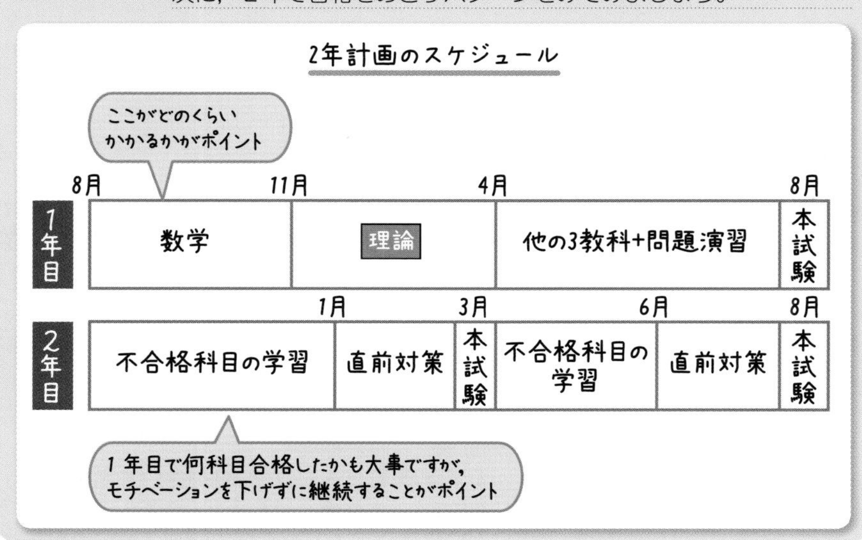

勉強法についてのQ&A

学習に入る前にみなさんが気にしていることをＱ＆Ａにまとめてみました。

Q 文系ですが一発で電験三種に合格することは可能でしょうか？

時間と覚悟は必要ですが可能です。電験三種の場合４科目すべての合格が必要ですが，科目間で関係する内容も少なくありません。
科目合格制度があり，３年以内に合格すればよい，という考えもありますが，それよりももし一発合格できなかった際に，２年目に取れなかった科目を取るという気持ちで取り組むようにしましょう。

Q １日の学習時間はどれくらい必要でしょうか？

平均すると１日３～４時間の勉強を10カ月～１年程度続ける必要があります。

Q ４科目はどの順番に学習すればよいでしょうか？

まずは「理論」から学習しましょう。効率的なのは，理論→機械→電力→法規の順です。機械は理論の知識を，電力は理論と機械を，法規は理論と機械と電力の知識を前提としているからです。

Q 独学で合格は可能でしょうか？

可能ですが，初期の段階で，自分に高校の物理や数学の知識がどの程度あるかを見定める必要があります。どうしても苦手，というものは講習会などを行っているところがありますので，受けてみるのもよいでしょう。

Q 予備校や講習会に通ったほうがよいの？

人によるというのが正直なところです。通学のメリットは，講師に質問できるということと，カリキュラムがあるため勉強のペースがある程度維持できるところにあります。決まった時間に通うのはどうしても…という方はTACをはじめ通信教育などを行っているところもあるので，調べてみるとよいでしょう。

教材の選び方

勉強に必要なもの

あとノートも

まずは勉強に必要なものを用意しましょう。必要なものは，教科書，問題集，そして電卓です。

問題を解く過程を残しておくためにもノートも用意しましょう。

電卓について

○

×

電卓については，試験会場に持ち込むことができるのは，計算機能（四則計算機能）のみのものに限られ，プログラム機能のある電卓や関数電卓は持ち込めません。

電卓の選び方

- 「00」と「√」は必須
- メモリーキーも必須
- 10ないし12桁程度あるとよい

必須なのは「00」と「√」です。電験の問題は桁数が多く，ルートを使った計算も多いからです。

メモリー機能と戻る機能があると便利です。桁数は10桁以上，12桁程度あるとよいでしょう。

教科書

教科書の選び方

- 読み比べて選ぶ
- 初学者は丁寧な解説のあるものを選ぶ

教科書については，一冊に全科目がまとまっているものもあれば，科目ごとに分冊化されているものもあります。試験日までずっと使うものですので，読み比べて，自分に合ったものを選ぶとよいでしょう。

TAC出版の書籍なら…

理論の教科書&問題集

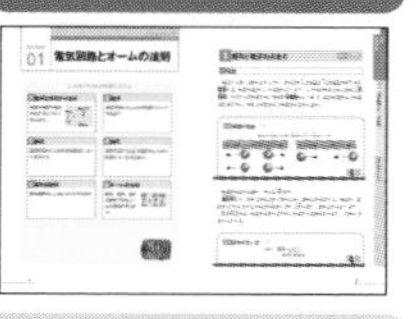

☆全科目そろえる！
☆長期間使えるものを選ぶ！

物理や電気の勉強をこれまであまりしてこなかった人は，丁寧な解説のある教科書を選びましょう。

問題集

TAC出版の書籍なら，教科書と問題集がセット！

理論の教科書&問題集

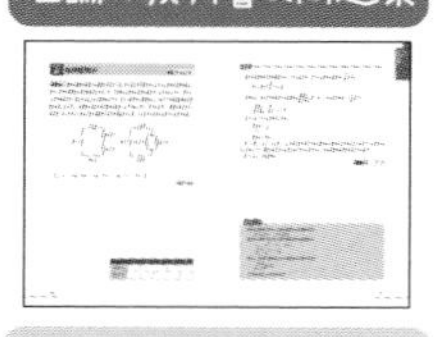

☆教科書に対応したものを選ぶ
☆教科書を読んだら，必ず問題を解く！

教科書に対応している問題集が1冊あると便利です。教科書を読み，該当する箇所の問題を解くというサイクルができるようにしましょう。

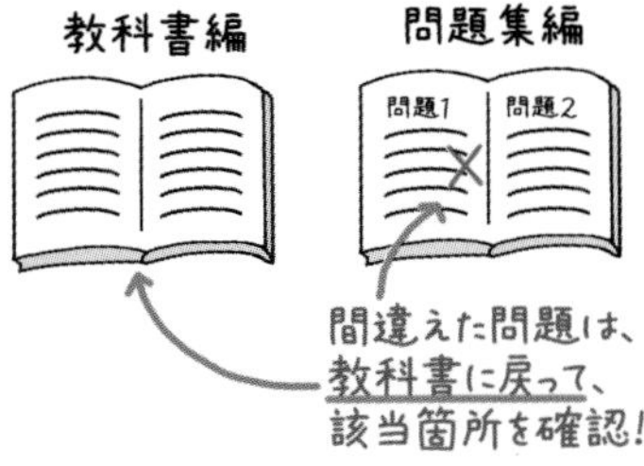

間違えた箇所は必ず教科書に戻って確認しましょう。

その他購入するもの

TAC出版の書籍なら…

電験三種はじめの一歩(本書)

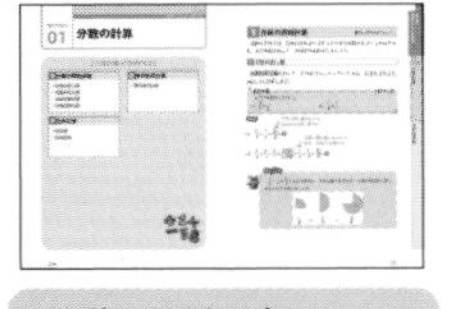

☆数学の知識が身につくものを!

電験はとても難しい試験です。問題を解くためには，高校の数学や物理の知識が必要です。もし，いろいろな教科書を読んでみて，なんだかよくわからないという場合は，本書などで基本的な知識を学習しましょう。

実力をつけるために

TAC出版の書籍なら…

電験三種の10年過去問題集

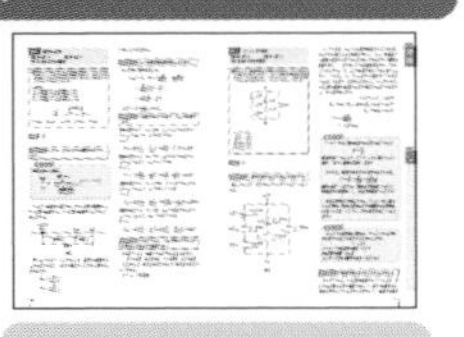

☆解説がわかりやすいものを!

教科書と問題集で学習したら，1回分の過去問を通して解きましょう。
過去問は最低5年分，できれば10年分解いておくとよいでしょう。

勉強方法のポイント

ポイント (1)

× テキストを全部読んでから、問題を解く

○ テキストをちょっと読んだら、それに対応する問題を解く

そのつど解く!

電験の難しいところは，過去問を丸暗記しても合格できないということです。過去問と似た問題が出題されることはありますが，単に数字を変えただけの問題が出題されるわけではないからです。一つひとつの分野を丁寧に勉強して，しっかりと理解することが合格への近道です。

ポイント (2)

- 過去問丸暗記ではなく理解する
- 教科書は何度も読む
- じっくり読むというよりは，何度も読み返す
- 問題を解くときは，ノートに計算過程を残す

学習の際は，公式や重要用語を暗記するのではなく，しっかりと理解するようにしましょう。疑問点や理解したところを教科書やノートにメモするとよいでしょう。
また，教科書は何回も読みましょう。一度目はざっくりと，すべてをじっくり理解しようとせず，全体像を把握するようなイメージで。

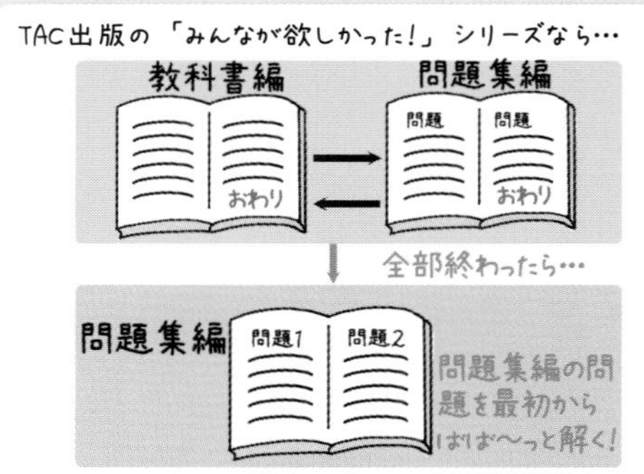

こまめに過去問を解くようにしましょう。一度教科書を読んだだけでは解けない問題も多いので，同じ問題でも繰り返し解きましょう。

5. 電験三種の試験科目の概要

電験三種の試験では電気についての理論，電力，機械，法規の４つの試験科目があります。
どんな内容なのか，入門講義に入る前に，ざっと確認しておきましょう。

理論

内容

電気理論，電子理論，電気計測及び電子計測に関するもの

ポイント

理論は電験三種の土台となる科目です。すべての範囲が重要です。合格には，❶直流回路，❷静電気，❸電磁力，❹単相交流回路，❺三相交流回路を中心にマスターしましょう。この範囲を理解していないと，ほかの科目の参考書を読んでも理解ができなくなります。一発合格をめざす場合は，この５つの分野に８割程度の力を入れて学習します。

電力

内容

発電所，蓄電所及び変電所の設計及び運転，送電線路及び配電線路（屋内配線を含む。）の設計及び運用並びに電気材料に関するもの

ポイント

重要なのは，❶発電（電気をつくる），❷変電（電気を変成する），❸送電（電力会社のなかで電気を輸送していく），❹配電（電力会社がお客さんに電気を配分していく）の４つです。

電力は，知識問題の割合が理論・機械に比べて多いので４科目のなかでは学習負担が少ない科目です。専門用語を理解しながら，理論との関連を意識しましょう。

4科目の相関関係はこんな感じ

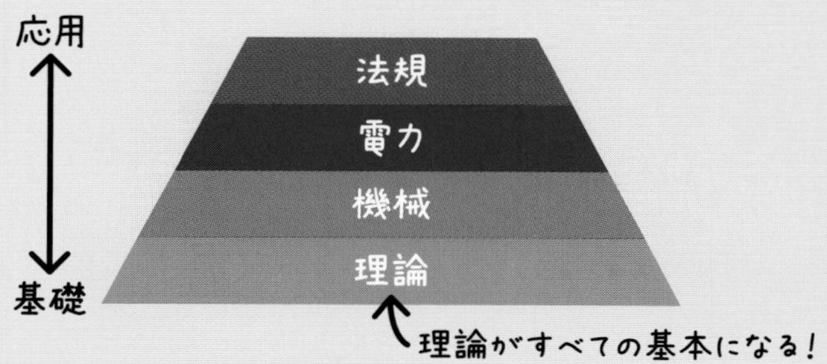

機械

内容

電気機器，パワーエレクトロニクス，電動機応用，照明，電熱，電気化学，電気加工，自動制御，メカトロニクス並びに電力システムに関する情報伝送及び処理に関するもの

ポイント

「電気機器」と「それ以外」に分けられ，「電気機器」が重要です。「電気機器」は❶直流機，❷変圧器，❸誘導機，❹同期機の４つに分けられ，「四機（よんき）」と呼ばれるほど重要です。他の３科目と同時に，一発合格をめざす場合は，この四機に全体の７割程度の力を入れて，学習します。

法規

内容

電気法規（保安に関するものに限る。）及び電気施設管理に関するもの

ポイント

法規は４科目の集大成ともいえる科目です。法規を理解するために，理論，電力，機械という科目を学習するともいえます。ほかの３科目をしっかり学習していれば，学習の内容が少なくてすみます。

過去問の演習にあたりながら，実際の条文にも目を通しましょう。特に「電気設備技術基準」はすべて原文を読んだことがある状態にしておくことが大事です。

6. 合格後は・・・？

電験三種は電気の登竜門的な資格です。
合格後はどうなるのか，ザックリと
みてみましょう。

第二種と第一種

電験三種～一種

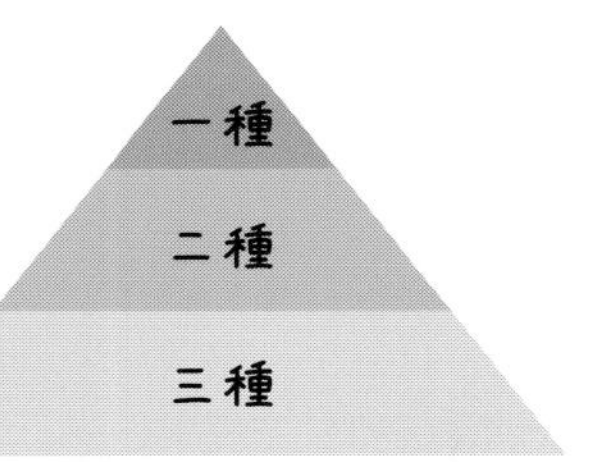

電験三種の上位の資格に，電験二種と電験一種があります。
すでに触れたとおり，扱うことのできる施設の電圧が二種→一種となるにつれて多くなります。

電験二種と一種（1）

内容	どちらも超難関資格
受験資格	なし

電験二種，電験一種ともに，受験資格はありません。また，毎年の合格者は二種は300～500名くらい，一種が100名くらいという超難関資格です。

電験二種と一種（2）

試験方法	一次：マークシート(4科目) 二次：筆記(2科目)
科目合格	あり（一次のみ）
二次試験	一次試験に合格すると翌年は一次は免除

二種，一種ともに一次試験（マークシート）と二次試験（筆記試験）があります。一次試験は三種と同じ４科目で科目合格があり，また一次試験に合格して二次試験に不合格だった場合，翌年は一次試験が免除されます。

ほかの資格

電験三種に合格すると

- 第二種および第一種電気工事士の学科免除

関連する資格では，「2. 徹底解剖！」でも触れましたが，電気工事士があります。
電験三種を合格すると，第二種および第一種電気工事士の学科試験が免除されます。

関連する資格

建設・工事関係

電気工事施工管理技士
建設機械施工管理技士

ビル管理

建築物環境衛生管理技術者（ビル管）
ボイラー技士
高圧ガス製造保安責任者
危険物取扱者

ほかの資格として，建設，工事関係では，電気工事施工管理技士，建設機械施工管理技士，ビル管理などは建築物環境衛生管理技術者（ビル管），ボイラー技士，高圧ガス製造保安責任者，危険物取扱者があります。

電気主任技術者として独立するには

業務を始めるまでの流れ

試験に合格する ➡ 実務経験を積む ➡ 経済産業省へ実務経歴を証明 ➡ 業務開始

電気主任技術者として独立するためには，一定の実務経験を経済産業省へ証明することが必要です。
自家用電気工作物の電気保安に関する業務を行う個人事業者を電気管理技術者といい，保安法人で電気保安業務を行う方を，保安従事者といいます。

独立するために必要な実務経験年数

	電験三種	電験二種	電験一種
実務経験年数	5年以上	4年以上	3年以上

※電験資格取得以前に実務経験がある場合はその年数も合算できます（資格取得前の年数は1/2でカウント）

必要な実務経験の年数は，資格によって異なります。
また，特定の団体による保安管理業務講習を受講し修了すると，どの資格でも一律「３年以上」に短縮することができます。

独立して電気主任技術者として仕事を行う場合，経済産業省に申請を行い，承認を受ける必要があります。
その際，実務経験年数や実務内容の確認，申請者が本人であるかの確認が行われます。

承認後の選択肢

経済産業省の承認

独立・開業　電気保安法人へ入社

承認後の選択肢はおもに，個人事業主として独立するか，電気保安法人に入り，業務を委託される方法があります。

開業するには…

- 点検に使う道具が必要
- 移動手段（自動車など）も必要
- 確定申告などは自己管理
- 収入は自分のもの

個人事業主として開業する承認を受けるには，実務経験の証明のほかに試験器など点検に使う道具が必要です。また，自動車など，受託した点検先への移動手段も必要です。受託先の目途があればよいですが，ない場合は個人事業主が集まる団体に入るとよいでしょう。

電気保安法人に入社すると…

- 初期投資がない
- 正社員雇用がある場合も
- 給料はあまり高くない

いきなり受託先を見つけられないという場合は電気保安法人に入社するとよいでしょう。試験器などの初期投資がなかったり，保安の経験がない場合も同様です。

キャリアアップの事例

キャリアアップのポイント

- 実務経験が重要
- 電験三種合格者というだけでは高年収は厳しい
  →現実は甘くはないが実務経験を積めばキャリアアップは可能
- 技術と営業力は重要

ここからは，実際のところはどうなのか，TAC出版編集部が取材した合格者のキャリアアップと合格のポイントを紹介します。

事例1　Aさんの場合

- 高卒後フリーター
- 2年ほどの学習で合格
- 独学

資格だけで実務経験なしだと求人は少なかった

電験二種をとっても同じ。たまたまビル管理会社に内定をもらえた

高校卒業後フリーター生活をしていたAさんは，就職に強い資格として電験を知りました。なんとか苦労しながらも合格したAさんでしたが，求人を見ると「実務経験必須」の文字。
さらにがんばって電験二種にも合格したものの，同じでした。たまたまビル管理会社に内定をもらえたそうですが，まずはどこかの会社に入って実務経験を積み，そのうえで転職などする方がよいとのことでした。

事例2 Bさんの場合

- 60代，もともと電気工事士
- 2年ほどの学習で合格
- 電験の実務経験はゼロ（合格当時）

独立するには初期投資がかかる。器具だけで 100 万円近く

人脈も重要。「ゆるくて自由」というイメージではない

家業の電気工事業を継ぎ，40代まで電気工事士として工業機械の修理やメンテナンスを中心に働いていたBさんは，委託される仕事が減少するなかで，お父さんの「電験を取ったらどうか」という発言で2年がかりで合格。そして独立しました。
独立後にまず苦労したのが，初期投資。器具を借りられないと100万円近くかかるとのこと。また，周囲に教えてくれる人や，緊急時に一緒に対応してくれる人など，人脈も重要なので，イメージである「ゆるくて自由」ではないという話でした。

事例3 Cさんの場合

- 4年間苦労して合格
- 電気保安法人を設立

独立するときにそれまでの所属先が実務経歴証明書を出してくれるかがとても重要

法人になると事業を大きくすることができる

Cさんは自分で電気保安法人を設立した，ちょっと変わった経歴を持っています。
話を聞くと，独立するときに，それまで所属していたビル管理会社が実務経歴証明書を出してくれず苦労したそう。その理由は，書類を出してしまうと独立されてしまうということと，業務委託の場合，契約内容が書かれているため外に出したがらないからだそうです。
電気保安法人として法人になると，個人で請け負うよりも多い仕事を受けることができるので，事業を大きくすることができるというメリットがあるそうです。

合格者の事例

事例4　Dさんの場合

- 家業を継ぐために受験
- 2年ほど＋予備校にも通う

教科書がわかっても，問題が解けない場合は予備校に通った方がよい

問題文の意味の理解が重要！

父親が電気主任技術者のDさんは，将来家業を継ぐために電験の受験を考えました。
最初は独学での勉強でしたが，実際の試験問題が解けず，講習に通うことに。講習では問題の解説だけでなく，問題文の意味の理解が重要と感じ，一問一問腰をすえて取り組んだ結果，合格することができたそうです。

事例5　Eさんの場合

- 大学で電気電子工学を専攻
- 就職に強いという理由で受験
- 2年かけて合格（独学）

1年目に法規以外に合格し，2年目で合格

公式の導き方の学習は重要

大学で電気の勉強をしていたEさんは，授業で「電験」という資格があると知り，就職にも強いという話だったので勉強をはじめました。
電気を専攻する大学生にとっても過去問は難しく，そこで合格できそうな理論と電力に絞り，あまった時間で機械を，そして法規は2年目に見送ることにしました。
公式の導き方の学習を重点的に行ったことで，1年目に法規以外に合格し，2年目には無事に全科目に合格することができました。

第 2 部

入門講義編

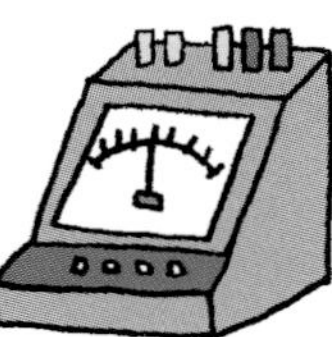

1. 電気の基礎

ここでは，高校の物理などで習う電気の基本的な内容を取り上げます。

電気って?

電気ってなに?

電験三種で学習するのは，おもに電気の理論や，電気で実際に動く電気機器，電気をつくる発電，電力を輸送する送電・配電，そして電気に関する法律ですが，そもそも電気とはなんでしょうか。

原子の構造

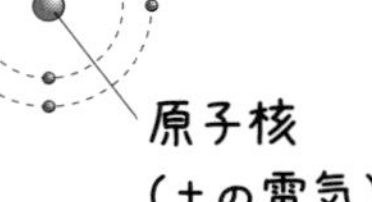

私たちの周りにある物質はすべて原子からできています。原子の構造をみてみると，プラスの電気を持つ原子核の周りをマイナスの電気を持つ電子がまわっています。

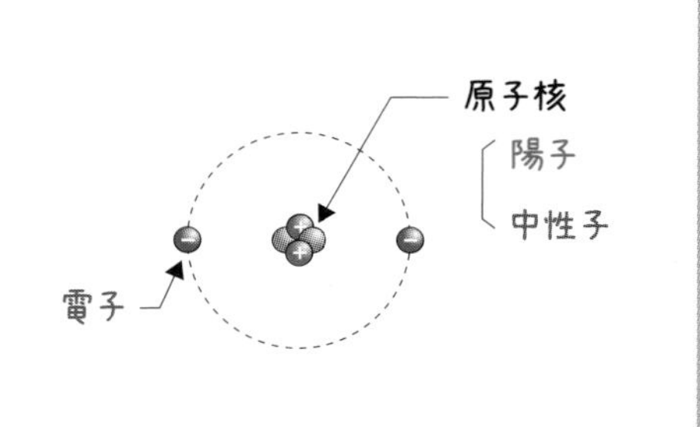

原子核は陽子と中性子からできています。陽子はプラスの電気を持ちますが，中性子は電気を持ちません。

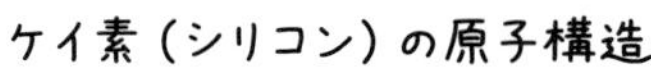

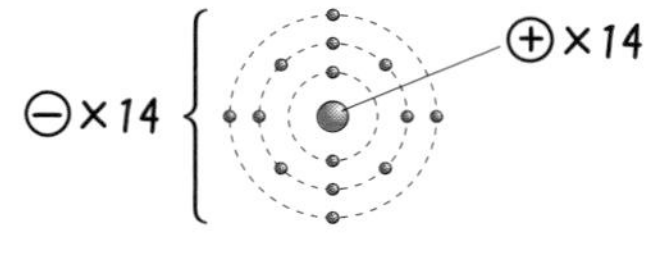

陽子（+）の数 ＝ 電子（−）の数

ふつうの状態では，プラスの電気とマイナスの電気が打ち消しあって，原子はプラスでもマイナスでもなく中性です。

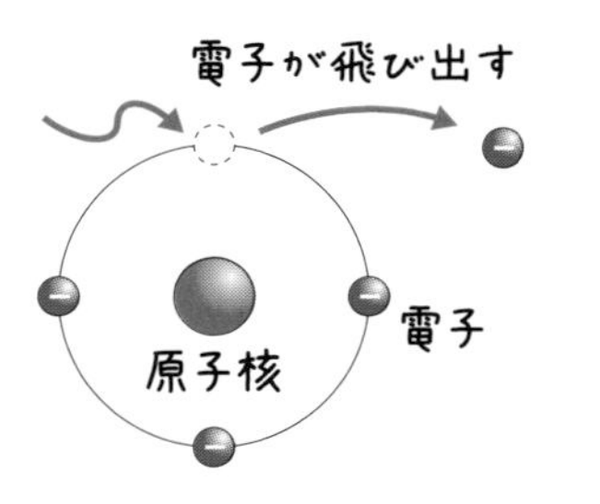

原子核の周りを回っている電子が刺激を受けると，電子は原子核の周りの軌道から飛び出します。電子が移動すると電気の流れができます。

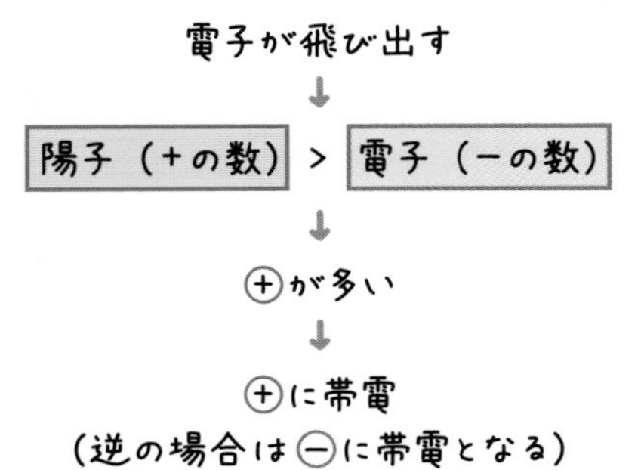

この飛び出した電子を自由電子といいます。
電子が飛び出すと，陽子に比べて電子の数が減る（マイナス分が少ない）ので，全体としてプラスになります。これを正に帯電しているといいます。

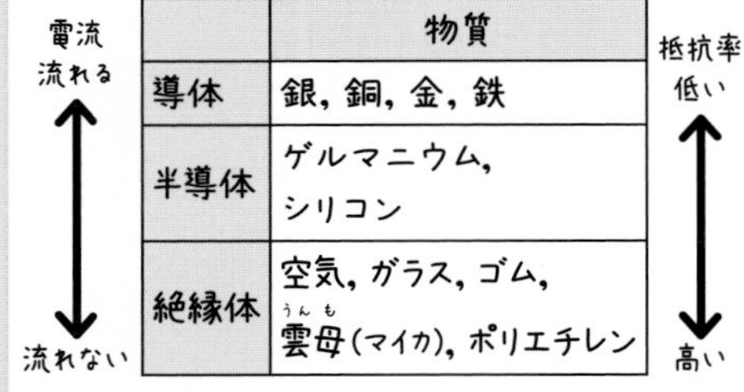

導体・半導体・絶縁体

	物質
導体	銀，銅，金，鉄
半導体	ゲルマニウム，シリコン
絶縁体	空気，ガラス，ゴム，雲母（マイカ），ポリエチレン

電子の移動しやすさは物質によって異なります。自由電子を持ち，電流が流れやすい物質を導体，電子がまったく移動できない物質を絶縁体（不導体），電子が導体と絶縁体のあいだをある程度移動できる物質を半導体といいます。

電荷と電流と電圧って？

電荷…物質が帯びている電気の量
→電気によってプラスとマイナスがある

物質が帯びている電気の量を電荷といいます。電気にもプラスとマイナスがあります。

電流…1秒間に移動した電荷（電子）の量

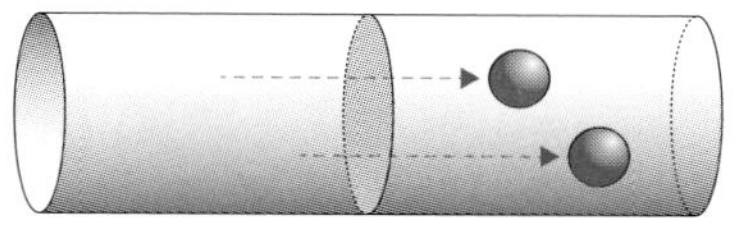

電荷（電子）が移動することを**電流**といいます。電流の大きさは，どのくらいの電荷（電子）が移動したかできまります。

電圧…＋から－へ電流を押し続ける力

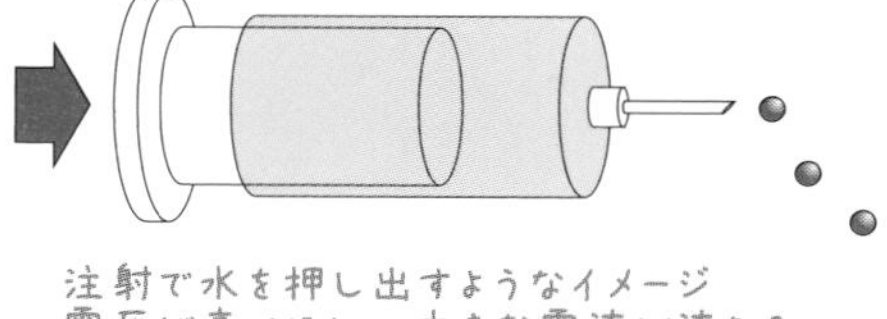

注射で水を押し出すようなイメージ
電圧が高いほど，大きな電流が流れる

電圧は＋から－へ電流を押し続ける力のことです。

電圧＝電位の差

水が水圧の高いところから低いところに流れるように，電流も電圧の高いところから低いところに流れる性質があります。そのとき，電気の位置の高さを**電位**といい，電圧は電位の差でもあります。

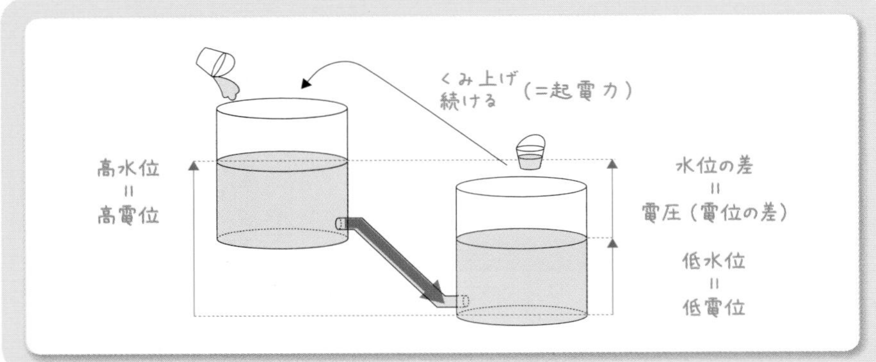

抵抗とオームの法則

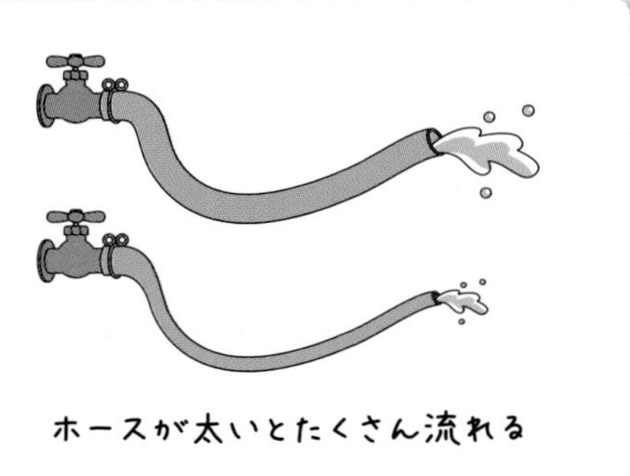
ホースが太いとたくさん流れる

電流は管を流れる水と同じように考えることができます。管が太ければたくさん水を流すことができますが，細ければあまり水を流すことができません。

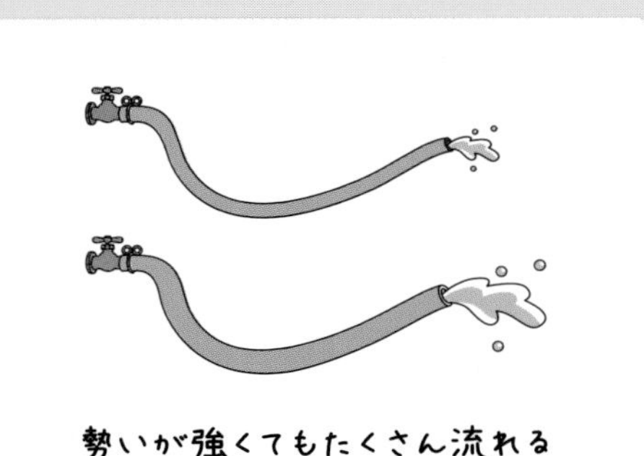
勢いが強くてもたくさん流れる

また，水を勢いよく出すと速く流れるのでたくさんの水を流すことができますが，勢いが弱いと流れにくくなります。

抵抗…電流の流れにくさ
→電流は電圧に比例

電流の流れにくさのことを抵抗といいます。電流は電圧に比例し，電流＝電圧÷抵抗で示すことができます。

オームの法則

押し流す力＝流れにくさ×流れる勢い
（電圧）　（抵抗）　（電流）

このように，抵抗が大きくなるほど電流は流れにくくなります。これをオームの法則といいます。

電力と電力量って？

電力…電気の力，単位時間あたりの電気エネルギー
→電力＝電流×電圧

電球を選ぶときなどにワット（W）という単位をみかけます。これは電気の力，つまり電力を表しています。電力とは電流と電圧を掛けたもので，単位時間あたりの電気のエネルギーです。

電力量…電力に時間を掛けたもの。ある時間に消費される電気のエネルギー量のこと

電力量＝電力×時間

電気のエネルギー量は電力に時間を掛けたもので，**電力量**といいます。

電気の記号の表し方って？

電圧，電流，抵抗…

→記号にするとコンパクトになる！

量記号…V, I, Rなど，そのものを表す

単位記号…[V]（ボルト），[A]（アンペア），[Ω]（オーム）など大きさを表す

電気を表すのに，量記号と単位記号というものがあります。電流の大きさを示す単位はアンペア［A］ですが，電流そのものを表す記号はIで，これを量記号といいます。

たとえば，オームの法則…

$$V = RI \text{ [V]}$$

電圧

単位はV（ボルト）

R（抵抗）とI（電流）を掛けたもの

単位を表す記号（電流の場合は［A］）を単位記号といい，量記号と区別するために［　］で囲んで表示することが多いです。

接頭辞って?

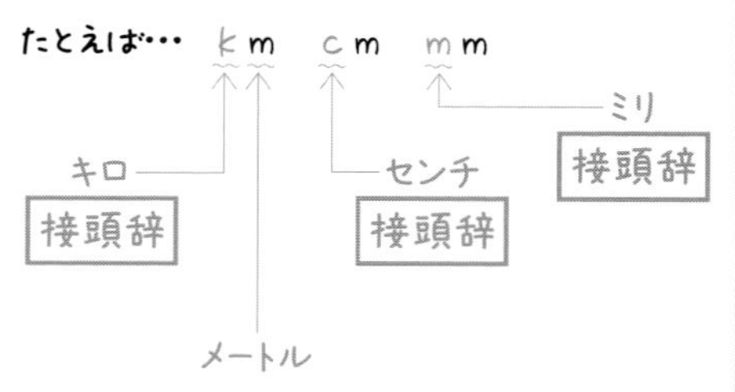

単位記号の前にｋ（キロ）やｍ（ミリ）といった記号がついていることがあります。これは接頭辞と呼ばれます。

たとえば，1000000mとせずに1000㎞としたほうがわかりやすいからです。それぞれ，10の何乗，あるいは10分の１の何乗かを示しています。

詳しくは，「第３部　電験のための数学編」で扱いますが，ここでおもな接頭辞を一覧にしてまとめておきます。

記号	名称	数値	記号	名称	数値
T	テラ	10^{12}	m	ミリ	$\frac{1}{10^3}$
G	ギガ	10^9	μ	マイクロ	$\frac{1}{10^6}$
M	メガ	10^6	n	ナノ	$\frac{1}{10^9}$
k	キロ	10^3	p	ピコ	$\frac{1}{10^{12}}$
c	センチ	$\frac{1}{10^2}$			

電気の量記号と単位記号

ここまでみてきた電気の量記号と単位をまとめると，以下のとおりです。

	量記号	単位記号	意味
電荷	Q	C（クーロン）	物質が帯びている電気の量
電圧	V	V（ボルト）	電流を押し続ける力，電位の差
電流	I	A（アンペア）	電流の大きさ
抵抗	R	Ω（オーム）	電流の流れにくさ
電力	P	W（ワット）	単位時間あたりの電気エネルギー
電力量	W	W·s（ワット秒） W·h（ワット時） など	電気のエネルギー量

電気回路って?

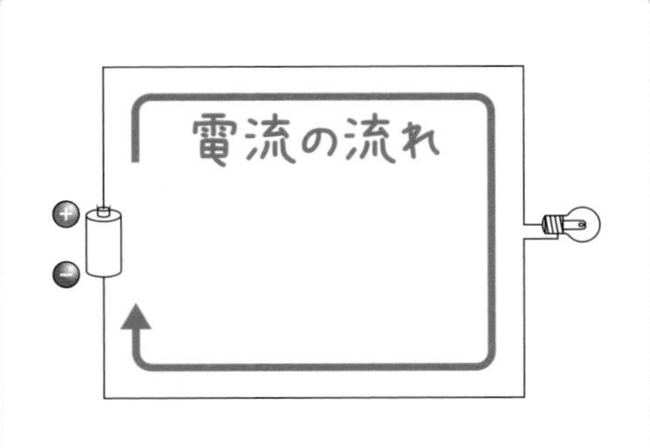

豆電球と乾電池を導線でつなぐと電気が流れて明かりがつきます。電流は乾電池の＋極から出て，－極に入ります。電流が流れる道筋のことを電気回路といいます。回路のどこか１カ所でも切れていると電流は流れません。

回路図

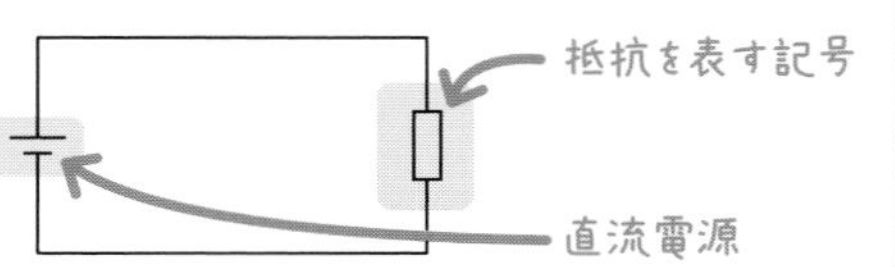

回路のようすを記号を用いて表したものを回路図といいます。

おもな回路図の記号は下記のとおりです。

おもな回路図の記号

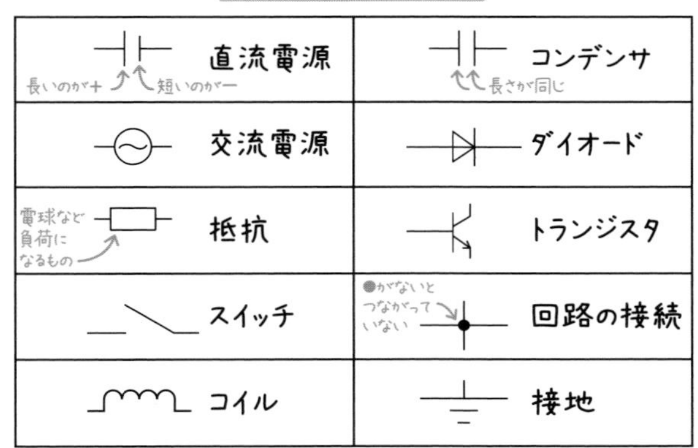

記号	名称	記号	名称
長いのが＋ 短いのが－	直流電源	長さが同じ	コンデンサ
	交流電源		ダイオード
電球など負荷になるもの	抵抗		トランジスタ
	スイッチ	●がないとつながっていない	回路の接続
	コイル		接地

直流と交流って？

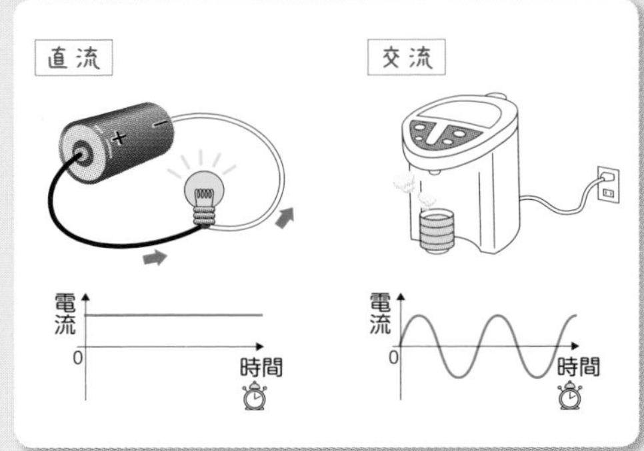

電気の流れ方には，直流と交流があります。

直流…大きさと向きが一定

電流の大きさ
時間

時間が経っても向きが変化しない電気の流れを直流といいます。乾電池による電流は直流です。

交流…大きさと向きが周期的に変化

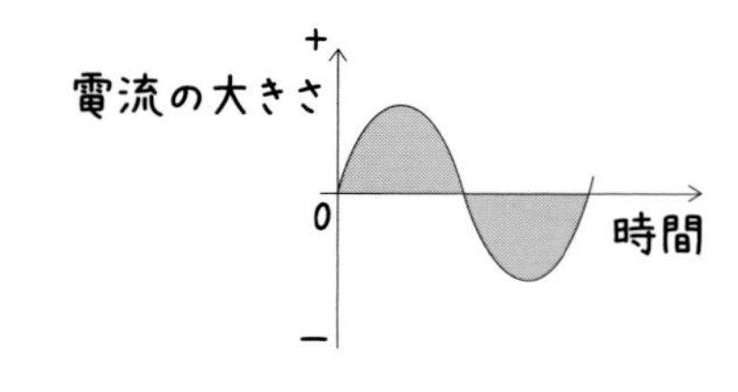

時間の経過とともに大きさと向きが変化する電気の流れを交流といいます。一般家庭のコンセントからとれる電気は交流です。
グラフにすると波形なので，計算なども複雑になります。どちらも詳しくは次の「理論の基礎」で扱います。

電気のおおまかな内容は理解できましたか？

次からはいよいよ各試験科目の内容に入っていきます！！

これで「電気の基礎」は終わりです。ここまで学んだ内容をふまえて，次からの各試験科目を読み進めていってください！

電験三種に必要なおもな単位

	量記号	単位	単位の名称
電荷・電気量	Q	C	クーロン
電流	I	A	アンペア
電気抵抗	R	Ω	オーム
リアクタンス	X	Ω	オーム
インピーダンス	Z	Ω	オーム
電圧，電位，電位差	V	V	ボルト
起電力	E	V	ボルト
抵抗率	ρ	Ω·m	オーム・メートル
コンダクタンス	G	S	ジーメンス
導電率	σ	S/m	ジーメンス毎メートル
（有効）電力	P	W	ワット
無効電力	Q	var	バール
皮相電力	S，K	V・A	ボルト・アンペア
電力量	W	W·s	ワット・秒
仕事，エネルギー，熱量	W，E	J	ジュール
力	F	N	ニュートン
圧力	P	Pa	パスカル
誘電率	ε	F/m	ファラド毎メートル
静電容量	C	F	ファラド
電界の強さ	E	V/m	ボルト毎メートル
		N/C	ニュートン毎クーロン
磁束	Φ	Wb	ウェーバ
磁束密度	B	T	テスラ
磁界の強さ	H	A/m	アンペア毎メートル
磁気抵抗	R_{m}	H^{-1}	毎ヘンリー
透磁率	μ	H/m	ヘンリー毎メートル
起磁力	F，NI	A	アンペア
インダクタンス	L	H	ヘンリー
周波数	f	Hz	ヘルツ
速度	v	m/s	メートル毎秒
角度，位相差	θ	rad	ラジアン
角速度	ω	rad/s	ラジアン毎秒
回転速度	n	s^{-1}	毎秒
立体角	ω	sr	ステラジアン
光束	F	lm	ルーメン
光度	I	cd	カンデラ
輝度	L	$\mathrm{cd/m^2}$	カンデラ毎平方メートル
照度	E	lx	ルクス

2. 理論の基礎

ここでは下のイメージ図で理論編の全体像と出題傾向を紹介します。
次のページからは，「理論」で特に押さえておいてほしい原理や法則（Ⅰ〜Ⅳ）を取り上げます。

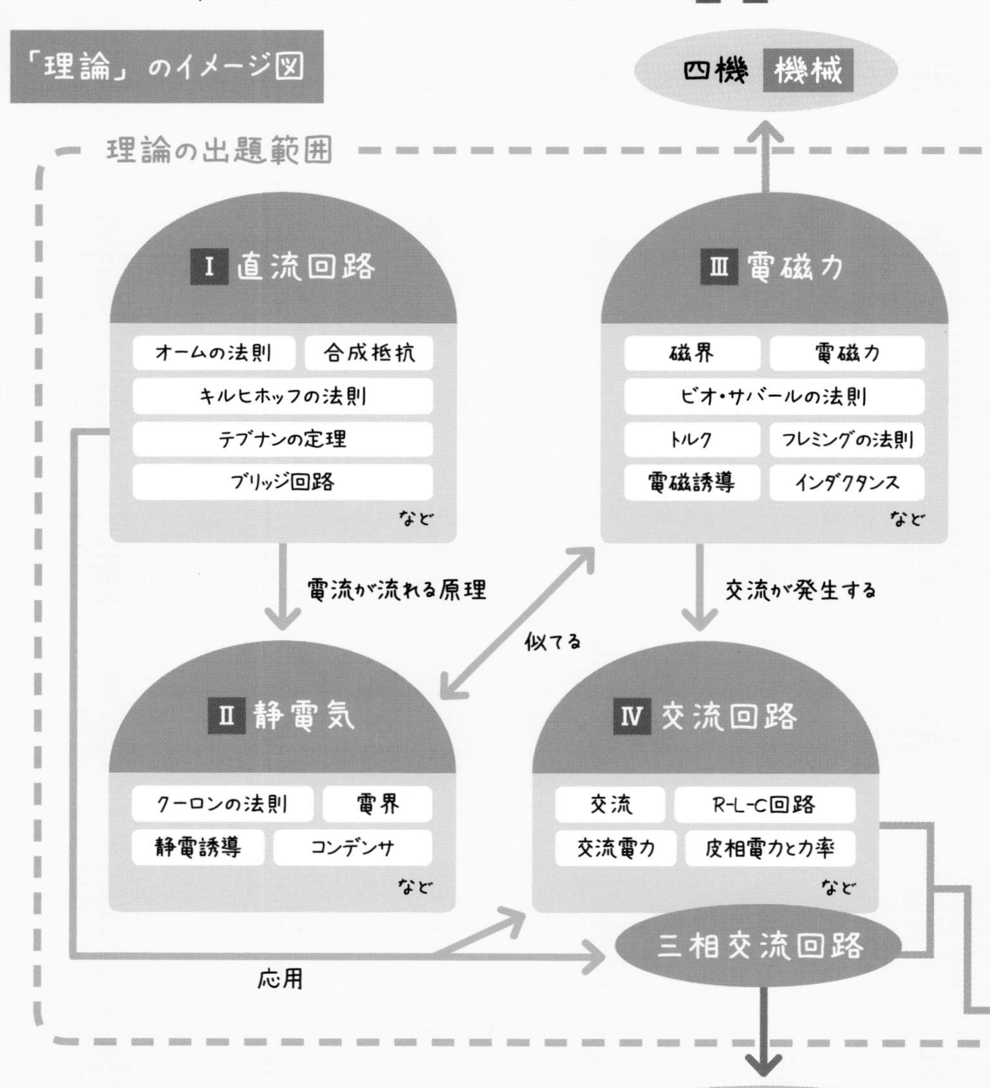

問題数とその内訳

↓計算問題の比率が8割！

	問題数	計算問題	正誤・穴埋め問題
A問題	14問	10〜12問	2〜4問
B問題	3問*	2〜3問	1〜2問

＊4題出題され，3題を解答する

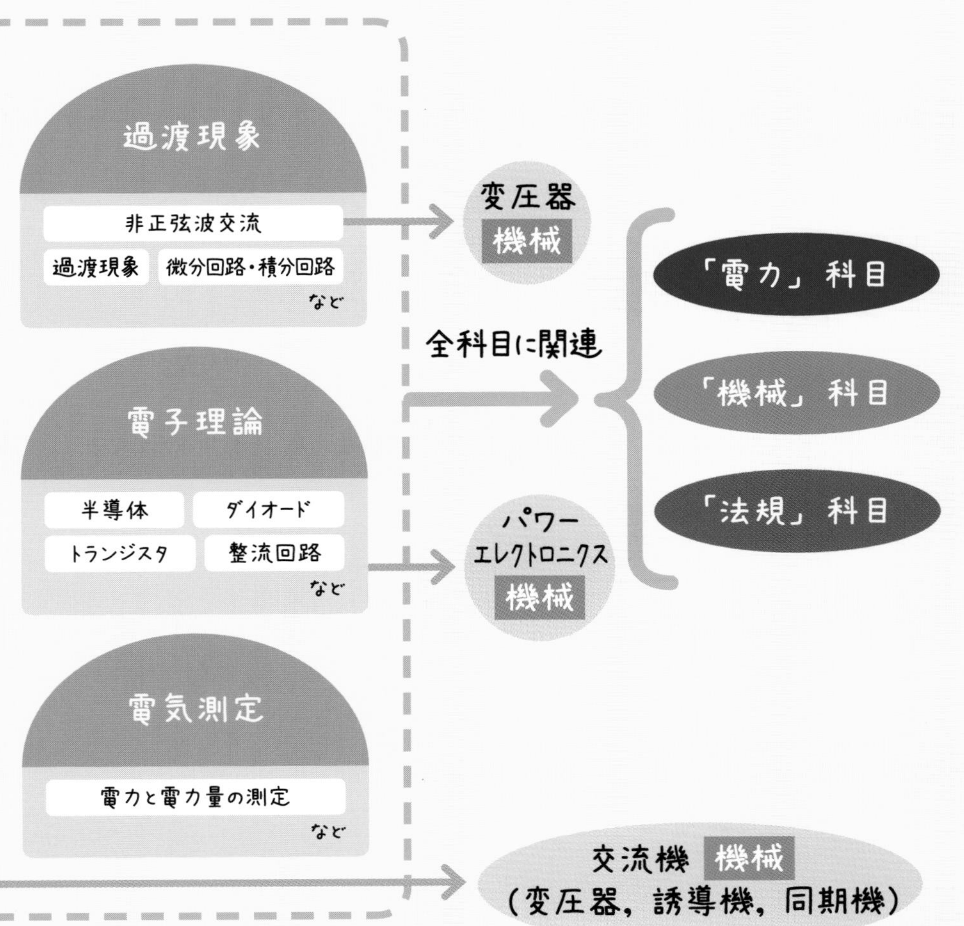

Ⅰ 直流回路

抵抗の合成

直列接続

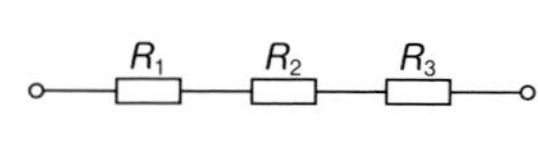

並列接続

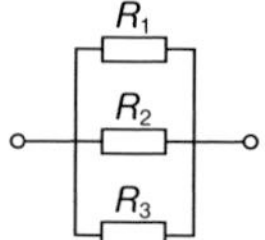

中学校の理科で電池のつなぎ方に直列と並列があることを習ったのではないでしょうか。電池以外に抵抗などでも直列と並列があります。

1．直列接続の合成抵抗（n個）

R_1　R_2　R_n

合成抵抗

$$R_0=R_1+R_2+\cdots+R_n$$

[Ω]

2．並列接続の合成抵抗（n個）

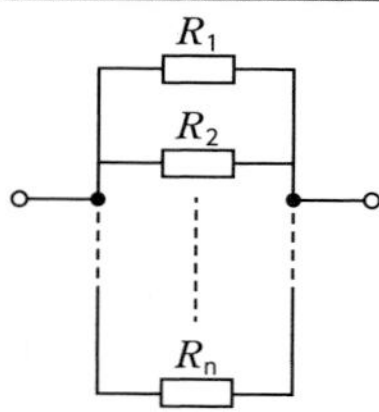

合成抵抗

$$R_0=\frac{1}{\frac{1}{R_1}+\frac{1}{R_2}+\cdots+\frac{1}{R_n}}$$

[Ω]

直列や並列のとき，その回路全体でどのくらいの抵抗があるのかを計算します。これを合成抵抗といいます。求め方は左図のようになります。

直列のときは各抵抗を合計します。

並列のときは左のとおりです。
とくに抵抗が２個の合成抵抗は，「和分の積」で求められます。

※２個のときの合成抵抗

$$R_0=\frac{R_1R_2}{R_1+R_2}$$

←積
←和

直流回路についてのさまざまな法則

キルヒホッフの第一法則

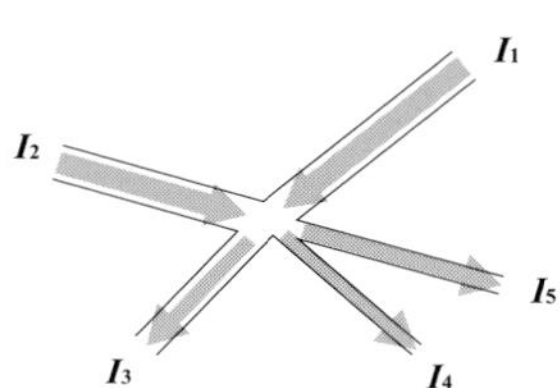

流れ込む電流の和＝流れ出る電流の和

直流回路では電流や抵抗の計算問題がよく出題されます。そのなかで，２つのキルヒホッフの法則を利用すると解きやすい場合があります。これは，ある点に流れ込む電流の和と，そこから流れ出る電流の和は等しいというものです。

キルヒホッフの第二法則

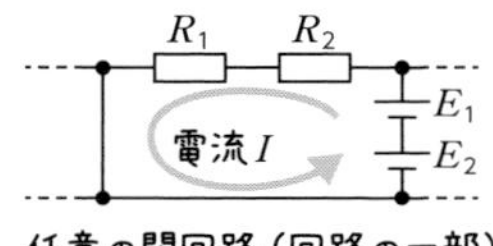

任意の閉回路（回路の一部）

起電力の総和＝電圧降下の総和

キルヒホッフの第二法則は回路を一周してたどったとき，その通り道の起電力の総和は電圧降下の総和となる法則です。

重ね合わせの理

電源が複数あるときは，別々に電流を求めて合計しても変わらない

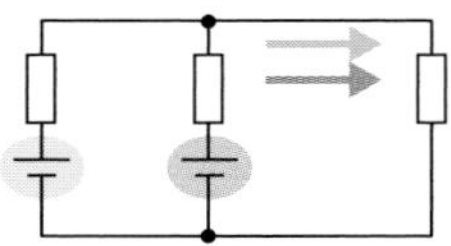

複数の電源がある回路では「重ね合わせの理」という考え方を使うと便利です。これは，複数の電源があるときに，１つずつの回路に分解してから計算しても変わらないというものです。

テブナンの定理

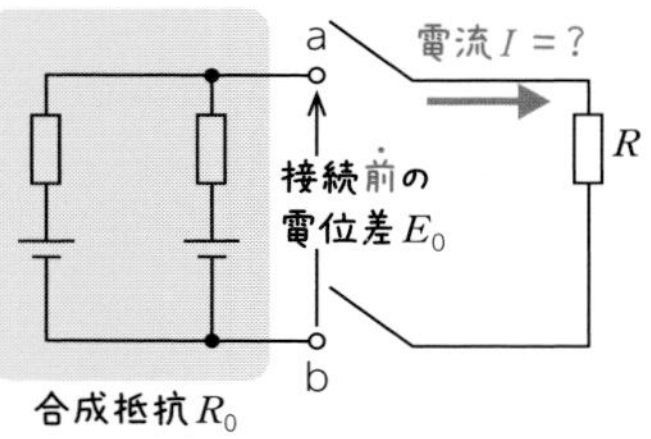

上図の回路で流れる電流 I は

電流 I [A] = 起電力 [V] / 抵抗 [Ω]

$$I = \frac{E_0}{R_0 + R} \text{ [A]}$$

回路中の抵抗に流れる電流を求めるときに，テブナンの定理を使います。これは求めたい電流があるとき，それ以外の複雑な回路をまとめて計算する定理です。

ブリッジ回路

どちらの回路も電気的にはまったく同じ回路。

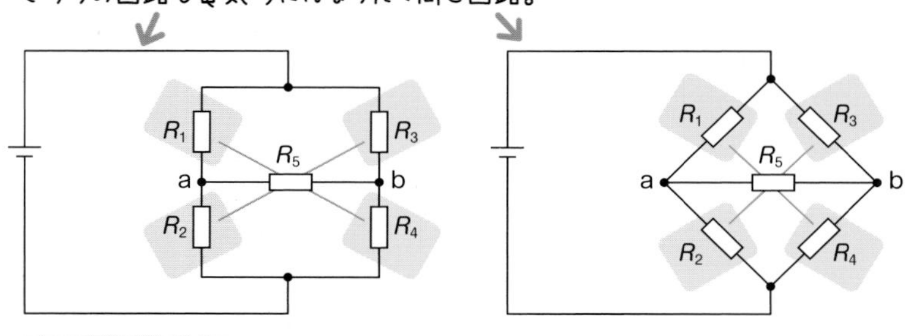

抵抗 [Ω]

$$R_1R_4 = R_2R_3$$

のとき，ab間には電流が流れない

ブリッジ回路とは直並列回路の中間点を橋渡ししている回路です。ナナメに向かい合った抵抗を掛けた値が等しいとき，橋の部分には電流が流れません。これをブリッジの平衡条件といいます。

Ⅱ 静電気

静電気ってなに？

静電気ってなに？

静電気とは，物質に帯びたままとどまっている電気のことです。また，**帯電**している（電気を帯びている）とは，正電荷か負電荷のどちらかの電荷が多い状態であることをいいます。

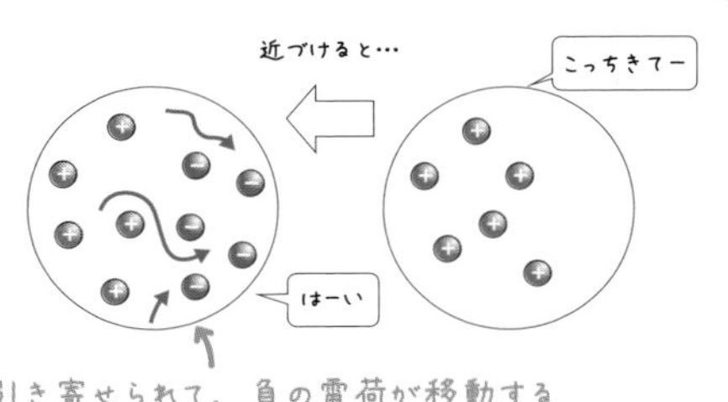

導体に電荷を近づけると電荷と近い側に，反対の符号を持つ電荷が移動されます。これを**静電誘導**といいます。

クーロンの法則ってなに？

静電力　電荷

$$F=\frac{Q_1Q_2}{4\pi\varepsilon r^2}[\mathrm{N}]$$

誘電率　距離

→つまり，電荷と距離から静電力は求めることができる！

２つの電荷の間に働く静電力を求める法則が**クーロンの法則**です。

同じ符号の電荷どうしでは反発力が働きます。一方，異なる電荷どうしでは吸引力が働きます。

電界と電束ってなに?

電界…静電力が働く空間のこと

静電力が働く（電荷が引っ張られたり，押されたりする）空間を**電界**といいます。
電界の強さは，電界中に１Cの正電荷を置いたとき，これに働く静電力の大きさと向きのことをいいます。

電気力線

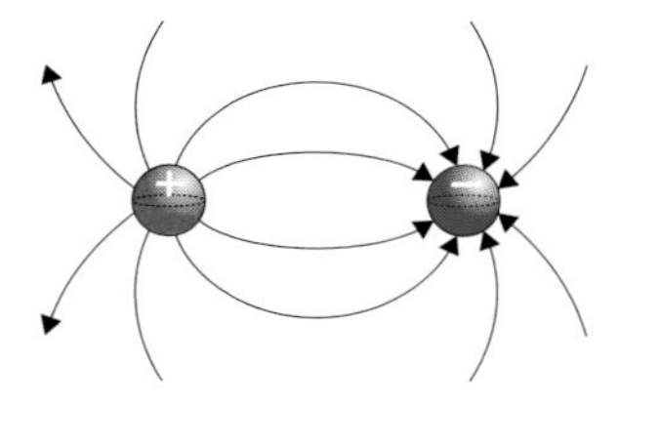

電界の様子や作用は，正電荷から「何かが湧き出して，空間に流れができている」と考えるとうまく表現できます。そこで電気力線という仮想の線によって，視覚的に考えます。

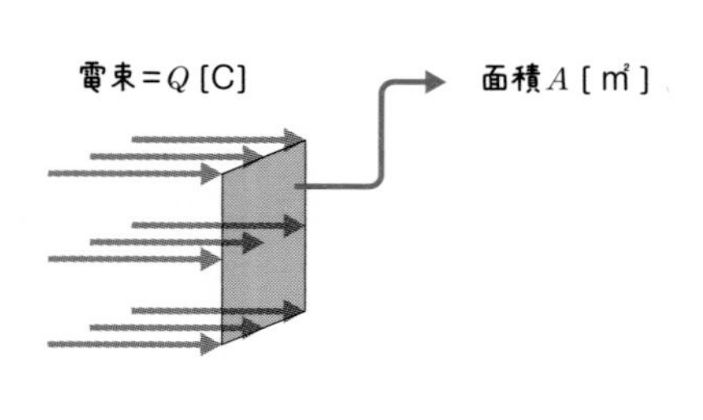

電界の状況を示す際，**電束**という考え方を用います。電束と垂直な１m^2の面を通る電束の量を電束密度といいます。

コンデンサってどんなもの？

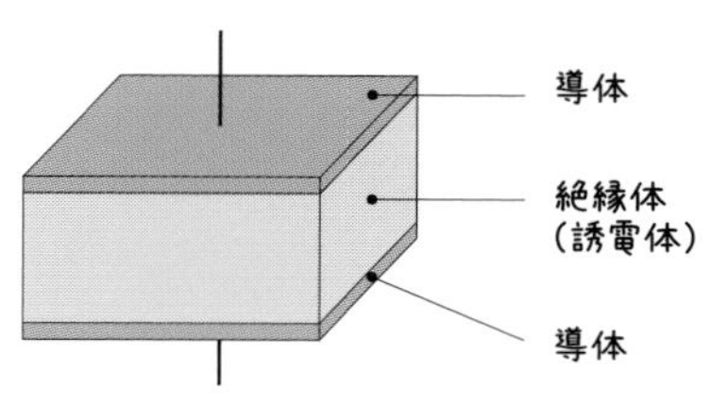

コンデンサとは，電池などの電源につなげると，電気を蓄えることができる電気回路の部品のことです。基本的には，金属板などの導体と導体の間に，電気を通さない絶縁体（誘電体）をはさみます。

蓄えられる電荷Q［C］
＝静電容量C［F］×電圧V［V］

コンデンサが蓄えられる電荷の量は，加える電圧に比例して大きくなります。左のような計算式で求めます。

誘電率…電荷の蓄積しやすさを表す定数

比誘電率…その物質の誘電率が真空の誘電率の何倍かを示す指標

誘電体の電荷の蓄積しやすさを表す定数が誘電率で，その誘電率が真空の誘電率の何倍かを示すのが比誘電率です。

Ⅲ 電磁力

磁界ってなに?

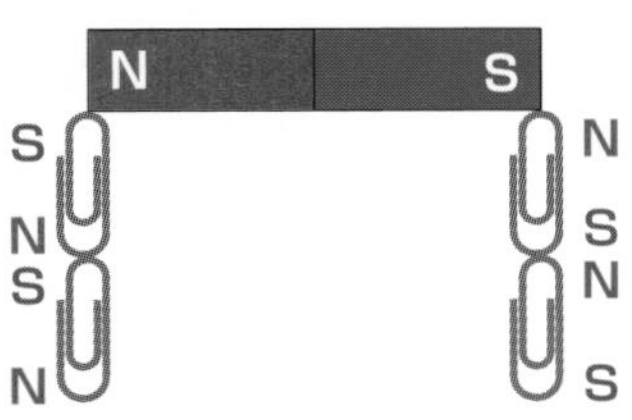

磁石には，鉄などの物質を引きつける性質である磁性があります。磁石の両端が磁性が最も強く，この部分のことを磁極といいます。

磁気が接近すると，鉄などの物質に反対の磁極が現れる現象を**磁気誘導**といいます。

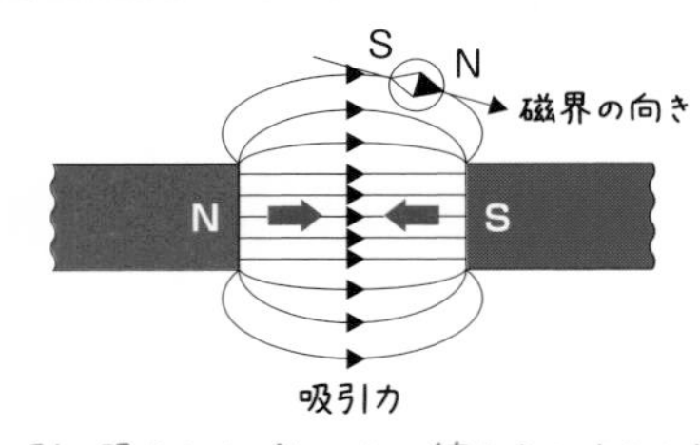

磁力の働く空間のことを磁界と呼び，その強さは，大きさと向きで表します。

磁界を理解するには，磁力線を用いると便利です。

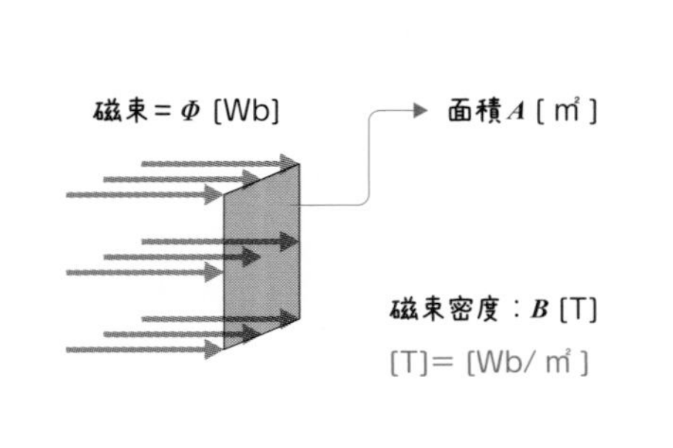

磁力線の束を**磁束**といい，磁束と垂直な１㎡の面を通る磁束の量を磁束密度といいます。

電束と同じような考え方ですね。

電磁力ってなに?

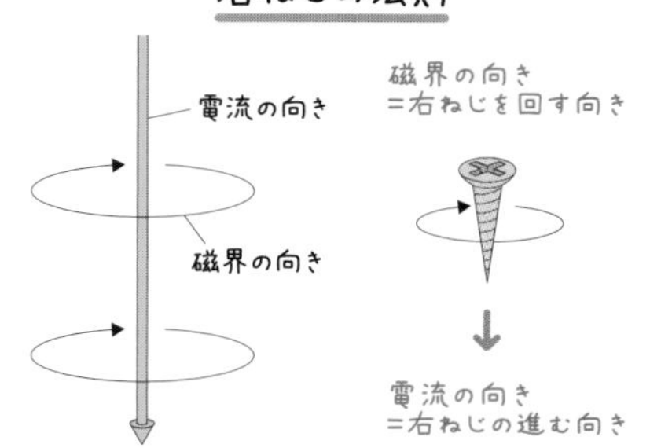

電流が流れる導体の周りには磁界が生じます。電流の向きが決まると，磁界の向きも決まります。

電磁力…電流が磁界から受ける力

電磁力とは，電流が磁界から受ける力のことをいいます。

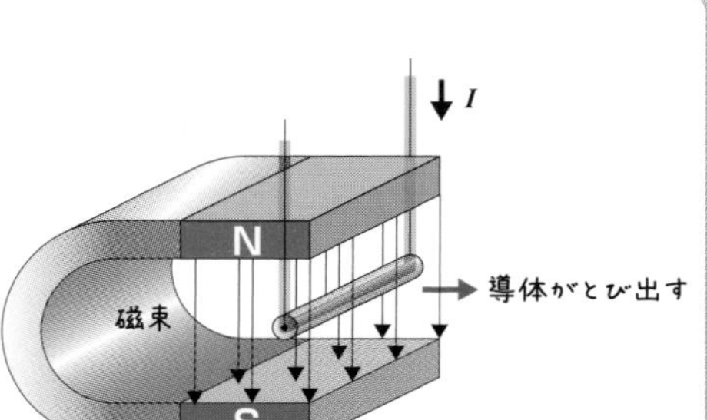

図のように，N極とS極の間に導体をつり下げます。電流が流れていない間は動きませんが，電流が流れると導体が外（右）側へ飛び出します。このように磁石と電流によって生じる力を電磁力といいます。

フレミングの左手の法則

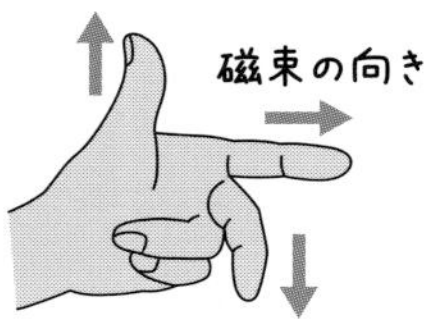

電磁力の方向は，磁界と電流の方向で決まります。これらの関係は**フレミングの左手の法則**で示すことができます。

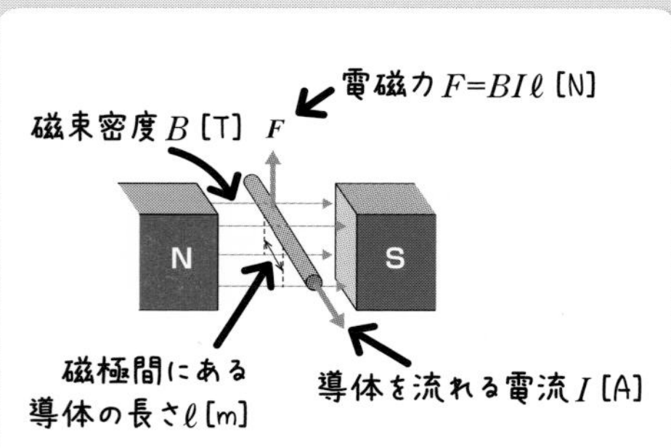

また，磁束密度と導体の長さ，電流がわかると電磁力の大きさを求めることができます。

トルクってなに？

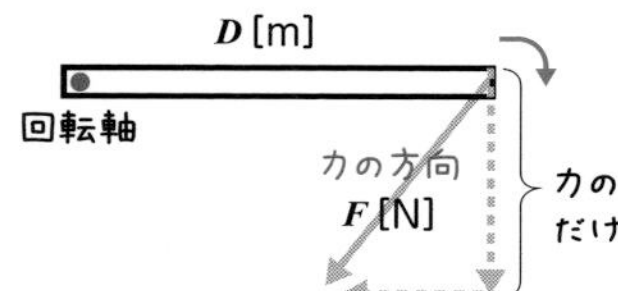

トルクとは，回転軸を中心に働く回転力のことです。
回転軸を中心に棒を回転させる場合，棒に垂直に力をかけると最もトルクが大きくなります。

電磁誘導ってなに?

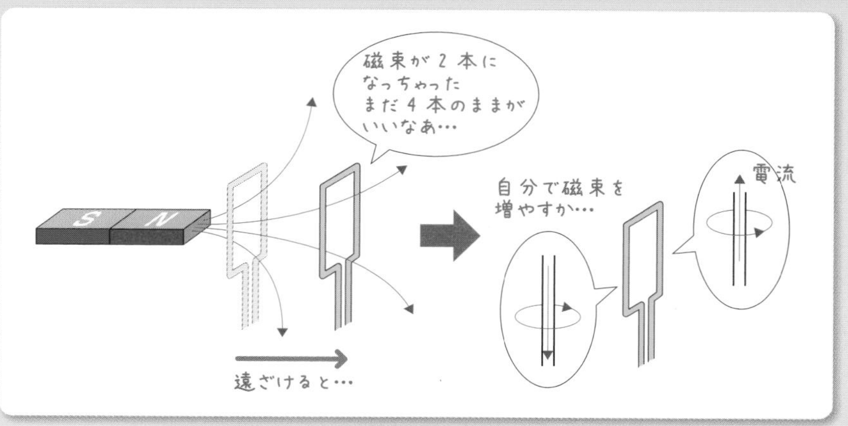

図のように，コイルに磁石を近づけたり遠ざけたりすると電流が流れます。磁石を固定して，コイルを動かしても電流が流れます。両方固定すると電流は流れません。

この実験から，コイルを貫く磁束が時間的に変化すると，コイルに起電力が発生することがわかります。この現象を**電磁誘導**といいます。
磁石を早く動かすほど，コイルに生じる誘導起電力は大きくなります。

ファラデーの法則…誘導起電力の大きさはコイルを貫く磁束の変化に比例する

レンツの法則…誘導起電力の向きは磁束変化を妨げる向きに生じる

電磁誘導には２つの法則があります。「誘導起電力の大きさはコイル内部を貫く磁束の変化に比例する」
これを**ファラデーの法則**といいます。

「誘導起電力の向きはコイル内の磁束変化を妨げる向きに生じる」
これを**レンツの法則**といいます。

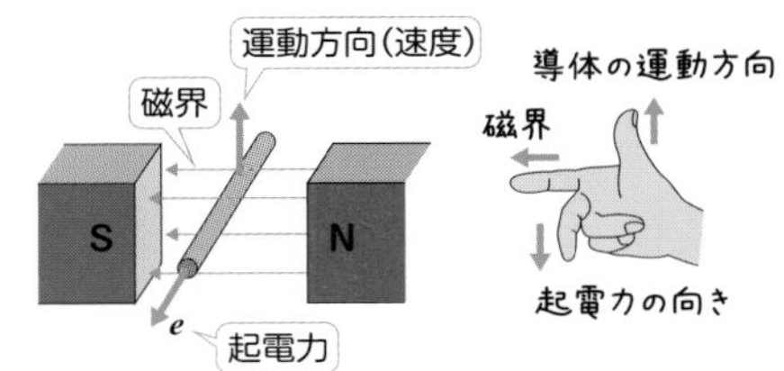

誘導起電力の発生による，誘導電流が流れる向きを調べるには，**フレミングの右手の法則**を利用します。

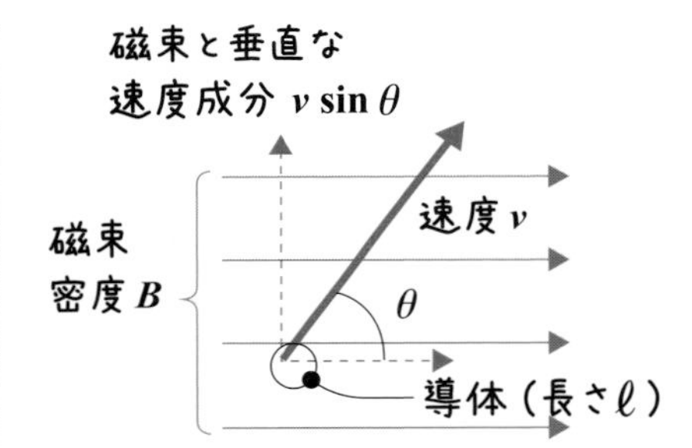

また，磁束密度と導体の長さ，導体の移動速度がわかると誘導起電力の大きさ e [V] を求めることができます。

$$e=B\ell v \text{ [V]}$$

自己インダクタンス…コイルの自己誘導のしやすさを示す定数

コイルに流れる電流が変化すると，コイルを貫く磁束の変化を妨げようと磁束がコイルに起電力を発生させます。これを自己誘導といい，発生した起電力を自己誘導起電力といいます。コイルの自己誘導のしやすさを示す定数を自己インダクタンスといいます。

Ⅳ 交流回路

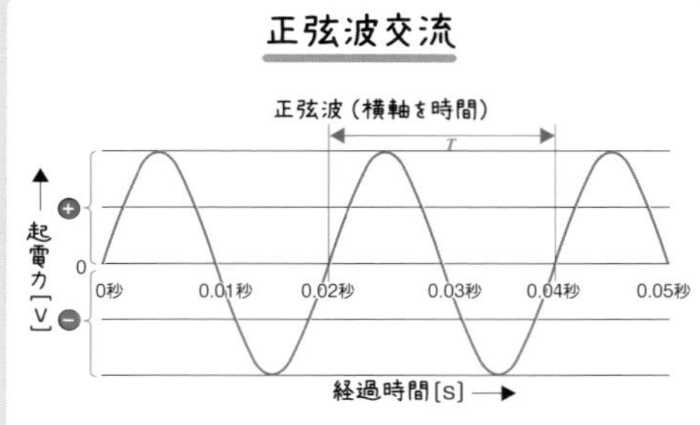

直流と交流の違いは「1．電気の基礎」で学びました。
交流は三角関数のsin（詳しくは第3部SEC07を参照）を使った式で表すことができるので，**正弦波交流**といいます。

サイクル …ある状態から一定の変化を経て，再び元の状態に戻ってくる過程

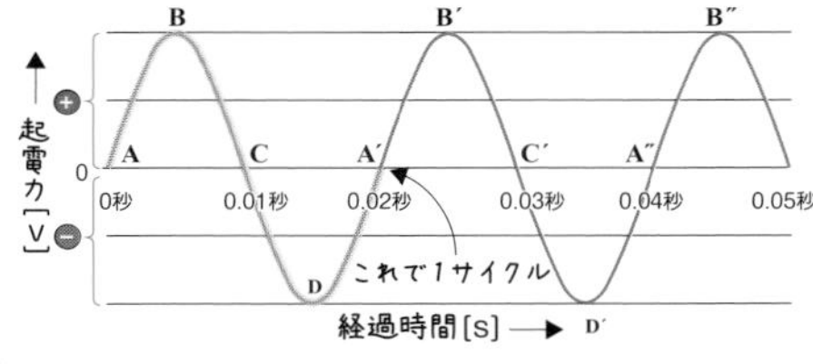

交流は，左図のA～A′のような変化を延々と繰り返します。
サイクルとは，左図のA～A′のように，ある状態（左図のA）から一定の変化（左図のB，C，D）を経て，再び元の状態（左図のA′）に戻ってくる過程のことです。

周期 …1サイクルにかかる時間
周波数 …1秒間に繰り返すサイクルの回数

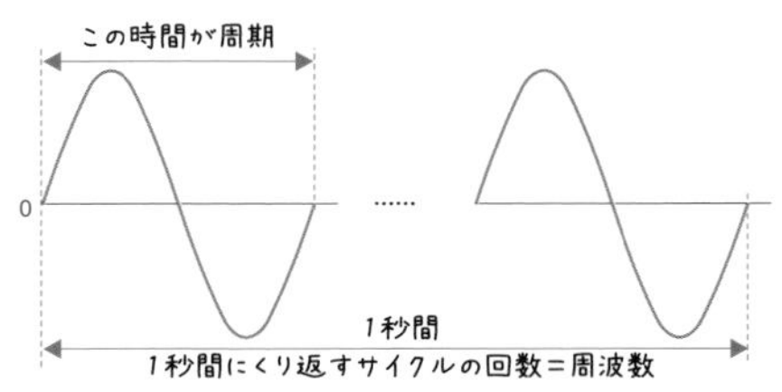

周期とは，1サイクルにかかる時間のことです。
周波数とは，1秒間にくり返すサイクルの回数のことです。

最大値…波形のなかで最大の値

平均値…交流の半周についての平均値

実効値…その交流と同じ働きをする直流の値

交流はつねに変化しているので，「交流電圧は○○ボルト」とはいえません。そのため，最大値，平均値，実効値などの指標が出てきます。

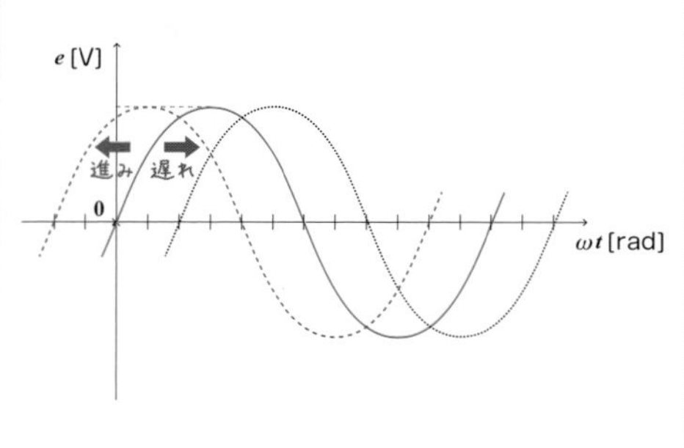

同じ周期でも，図のように横にズレている場合があります。この，横方向のズレを**位相**と呼びます。グラフが左にズレている場合「位相が進んでいる」といい，右にズレている場合「位相が遅れている」といいます。

交流ではベクトルや複素数を使うよ！
↓
「第3部　電験のための数学編」でしっかり学習しよう！

交流はコイルの回転から生じたものなので，向きと大きさが変化します。そのため，ベクトルや，三角関数，複素数を使って計算します。

ベクトルや複素数は苦手意識を持つ人が多いので，第３部（SEC08，09）でしっかりと学習しましょう。

インピーダンス…電流の流れを妨げる働きをするもの

交流回路では抵抗以外にも，インダクタンスや静電容量など電流の流れを妨げる働きをするものがあります。それらはインピーダンスと呼ばれます。

皮相（ひそう）電力…電流×電圧

有効電力…電流と電圧の位相差を考慮した有効な電力

力率（りきりつ）…有効電力と皮相電力の割合

→力率＝$\frac{有効電力}{皮相電力}$

電力は基本的には電流×電圧で求めることができます。しかし，交流回路では，電流と電圧の位相が異なるので，単純に掛けただけでは電力はわかりません。電流と電圧を単純に掛けたものを**皮相電力**，利用できる有効な電力を**有効電力**，その割合を**力率**といいます。

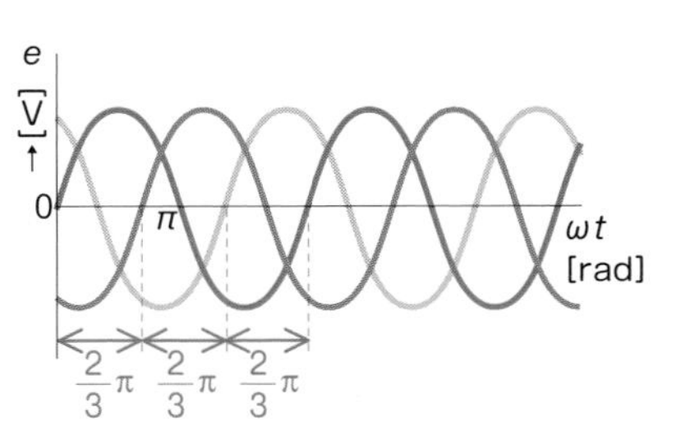

交流回路の位相を120度ずつズラして3つ組み合わせた回路を**三相交流回路**といいます。

「理論」試験問題にチャレンジ

合成抵抗

図のように，抵抗R[Ω]と抵抗R_x[Ω]を並列に接続した回路がある．この回路に直流電圧V[V]を加えたところ，電流I[A]が流れた。R_x[Ω]の値を表す式として，正しいものを次の(1)～(5)のうちから一つ選べ。

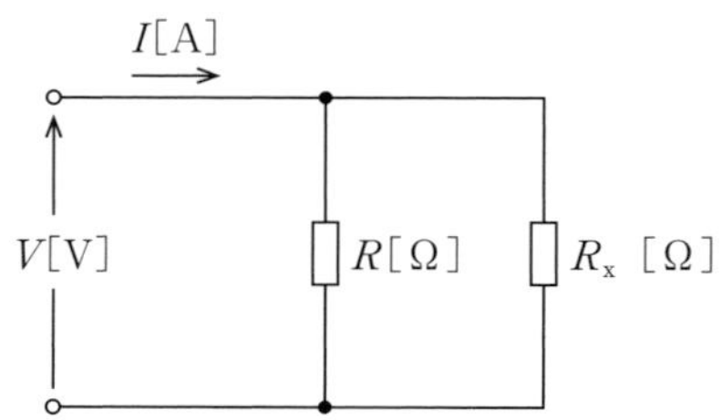

(1) $\dfrac{V}{I}+R$　　(2) $\dfrac{V}{I}-R$　　(3) $\dfrac{R}{\dfrac{IR}{V}-V}$

(4) $\dfrac{V}{\dfrac{I}{V-R}}$　　(5) $\dfrac{VR}{IR-V}$

H25-A5

解説

回路全体の合成抵抗は$\dfrac{R\cdot R_x}{R+R_x}$[Ω]であるから，**オームの法則**より

$$V=I\frac{R\cdot R_x}{R+R_x}$$

$$VR+VR_x=IRR_x$$

$$VR=(IR-V)R_x$$

$$\therefore R_x=\frac{VR}{IR-V}\,[\Omega]$$

よって(5)が正解。

答… (5)

電気に関する法則

電気に関する法則の記述として，正しいものを次の(1)〜(5)のうちから一つ選べ。

(1) オームの法則は，「均一の物質から成る導線の両端の電位差をVとするとき，これに流れる定常電流IはVに反比例する」という法則である。

(2) クーロンの法則は，「二つの点電荷の間に働く静電力の大きさは，両電荷の積に反比例し，電荷間の距離の２乗に比例する」という法則である。

(3) ジュールの法則は「導体内に流れる定常電流によって単位時間中に発生する熱量は，電流の値の２乗と導体の抵抗に反比例する」という法則である。

(4) フレミングの右手の法則は，「右手の親指・人差し指・中指をそれぞれ直交するように開き，親指を磁界の向き，人差し指を導体が移動する向きに向けると，中指の向きは誘導起電力の向きと一致する」という法則である。

(5) レンツの法則は，「電磁誘導によってコイルに生じる起電力は，誘導起電力によって生じる電流がコイル内の磁束の変化を妨げる向きとなるように発生する」という法則である。 H28-A8

解説

(1) **オームの法則　電流（I）$=\dfrac{\text{電圧（}V\text{）}}{\text{抵抗（}R\text{）}}$**

電流は電位差（電圧）に**比例**するので誤り。

(2) **クーロンの法則　$F=\dfrac{Q_1Q_2}{4\pi\varepsilon r^2}$[N]**

両電荷の積に**比例**し，電荷間の距離rの２乗に**反比例**するので誤り。

(3) **ジュールの法則　$P=I^2R=\dfrac{V^2}{R}$**

Pは電流Iの値の２乗と導体の抵抗Rに**比例**するので誤り。

(4) **フレミングの右手の法則　親指が導体が移動する向き，人差し指が磁界の向き，中指が誘導起電力の向き**

よって，誤り。

(5) 正しい。

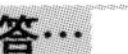 答… (5)

3. 電力の基礎

ここでは下のイメージ図で電力編の全体像と出題傾向を紹介します。
次のページからは，発電，変電，送電，配電の流れと押さえておいてほしいポイント（Ⅰ～Ⅳ）を取り上げます。

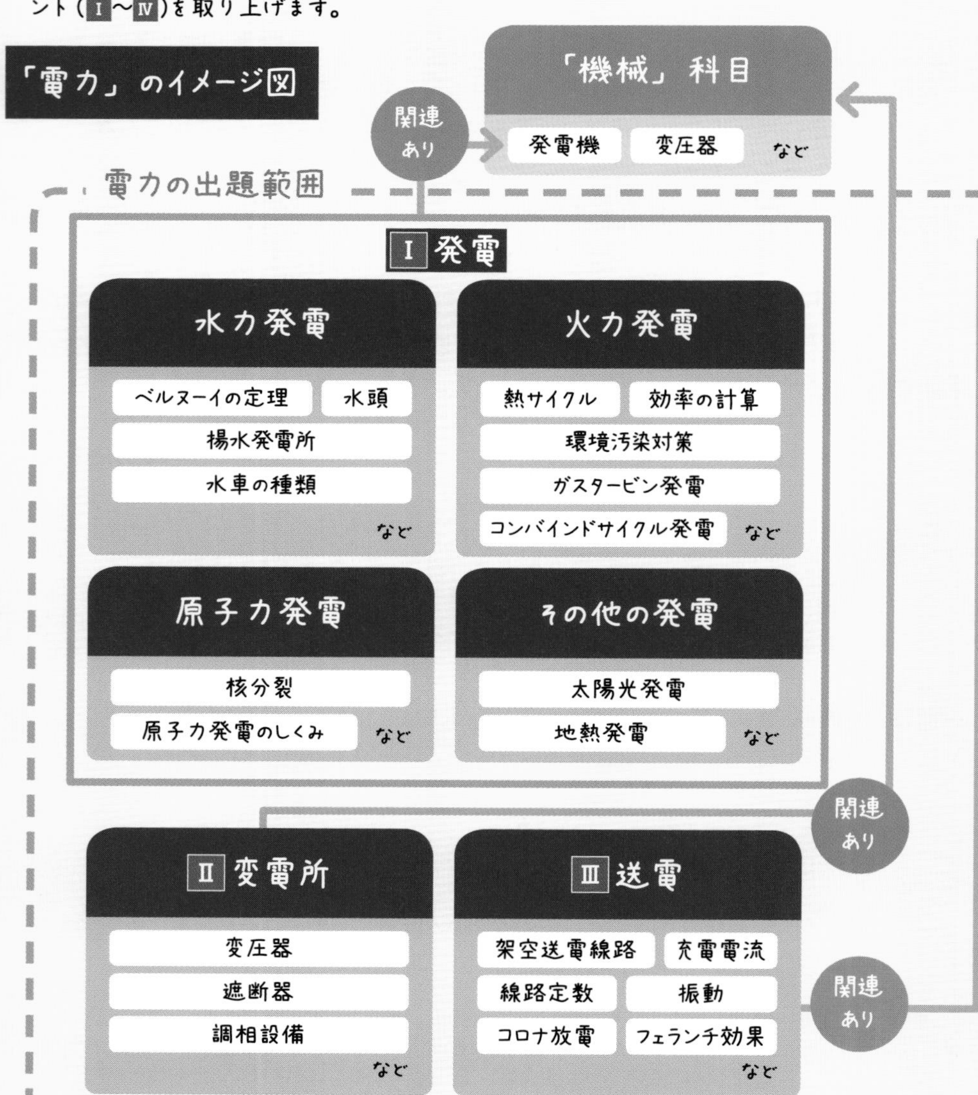

問題数とその内訳

	問題数	計算問題	正誤・穴埋め問題
A問題	14問	4～8問	6～10問
B問題	3問	3問	0～1問

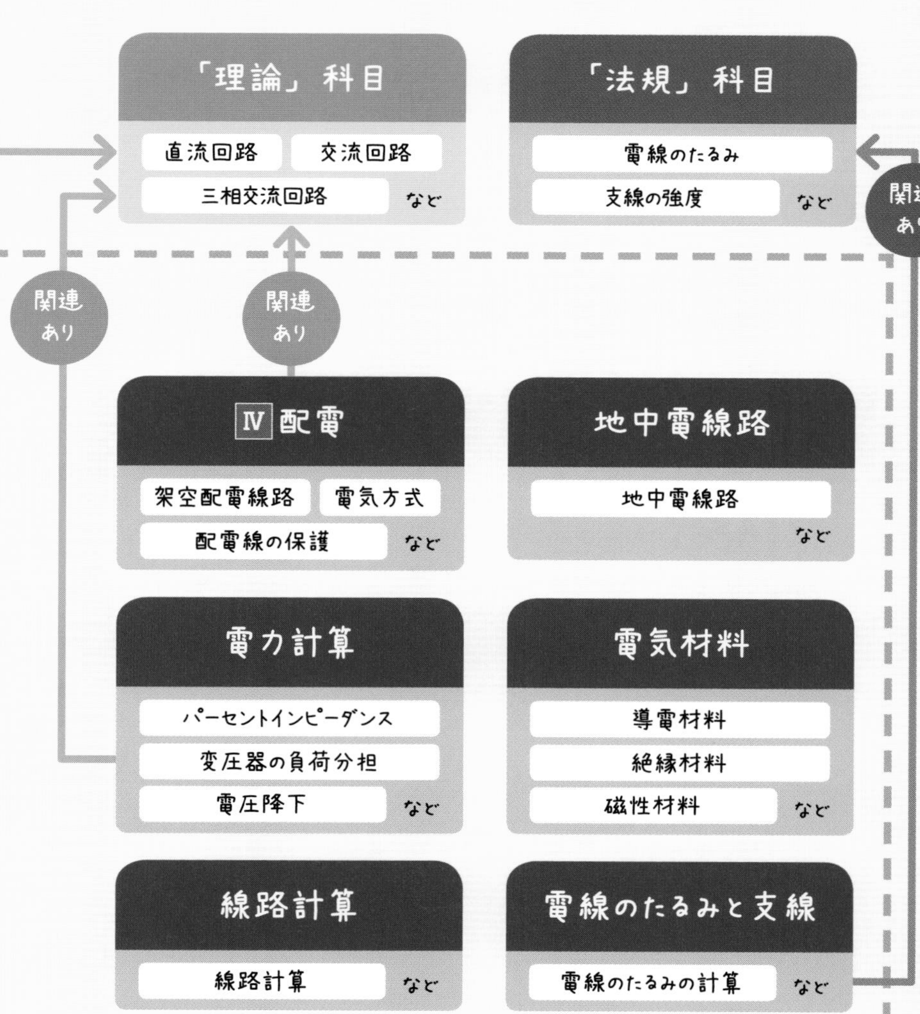

I 発電

発電・変電・送電・配電の違い

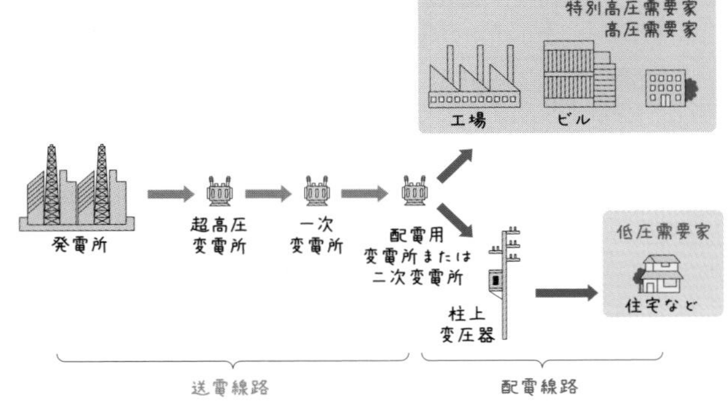

「電力」では発電，変電，送電，配電の４つが重要です。それぞれの違いを上のイラストを見ながら押さえておきましょう。

発電…電気をつくる
変電…電気を変換する
送電…電力会社のなかで電気を輸送する
配電…電力会社からお客さんに電気を配分する

発電所でつくられた（発電された）電気は発電→変電→送電→配電というプロセスを経て電力会社から工場や家庭に供給されます。

発電方法

おもな発電方法

- 水力発電
- 火力発電
- 原子力発電
- 太陽光発電
- 風力発電　　など

発電には水力，火力，原子力，そして太陽光や風力などがあります。電験の試験でよく出題されるのは水力，火力，原子力です。

水力発電

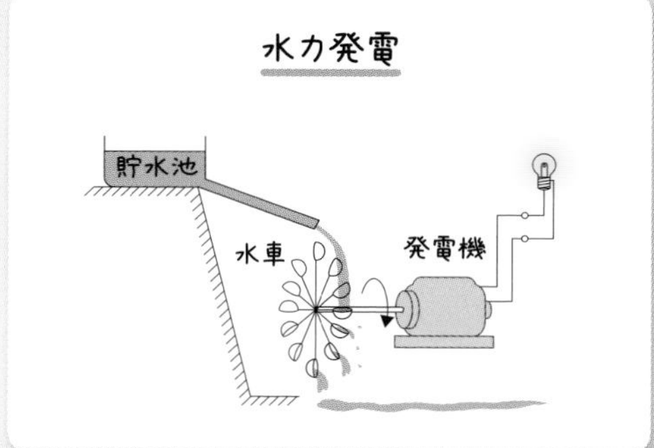

水力発電は水が高いところから低いところへ落下するときのエネルギーを使って，水車などを回して発電するものです。

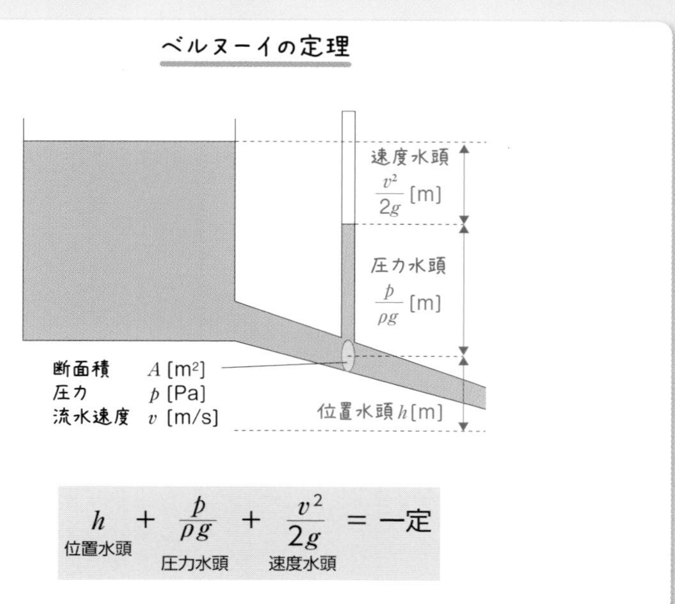

$$h + \frac{p}{\rho g} + \frac{v^2}{2g} = 一定$$

位置水頭　圧力水頭　速度水頭

水力発電では出力される電力量の計算などが出題されます。
水力発電を理解するうえで重要な定理に**ベルヌーイの定理**があります。これは，水管を流れる水が持つ位置エネルギー，圧力エネルギー，運動エネルギーの総和は損失を無視すればどの位置でも変わらない（一定）というものです。

熱力学の考え方

エネルギーの種類

- 運動エネルギー…運動している物体が持っているエネルギー
- 位置エネルギー…重力によるエネルギー
- 熱エネルギー…原子や分子が動くことによる熱運動のエネルギー

エネルギーにはさまざまなものがあります。エネルギーとはある物体がほかの物体に仕事をする能力のことをいいます。電験三種で学習するエネルギーには，運動エネルギー，位置エネルギー，熱エネルギーなどがあります。

内部エネルギー

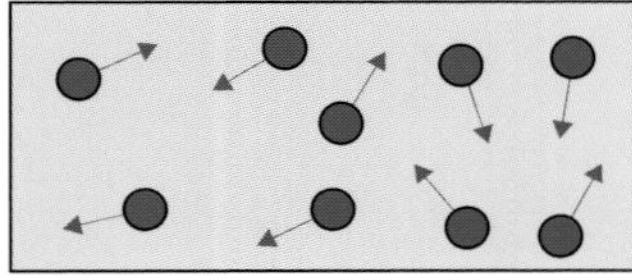

静止している物体でも，それを構成する原子や分子は運動しています。その物体を構成する原子や分子のエネルギーの合計を内部エネルギーと呼びます。

熱力学の第1法則

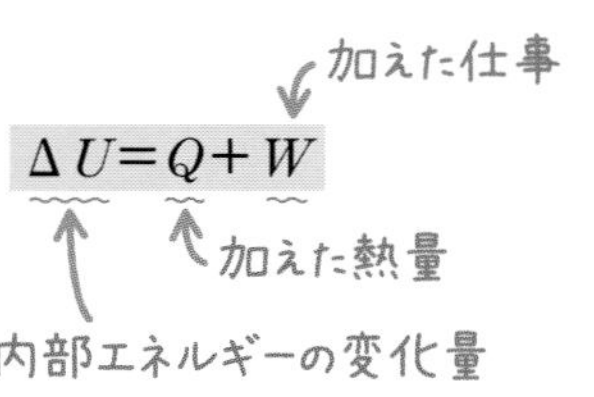

内部エネルギーが増えた量は，気体が受け取った熱と外から受けた仕事の合計で表すことができます。これを熱力学の第1法則といいます。

熱力学の第2法則

・熱は高温から低温に移動し，その逆はない！

熱力学の第２法則は，熱は高温から低温に移動し，その逆は起こらないという法則です。

火力発電

火力発電

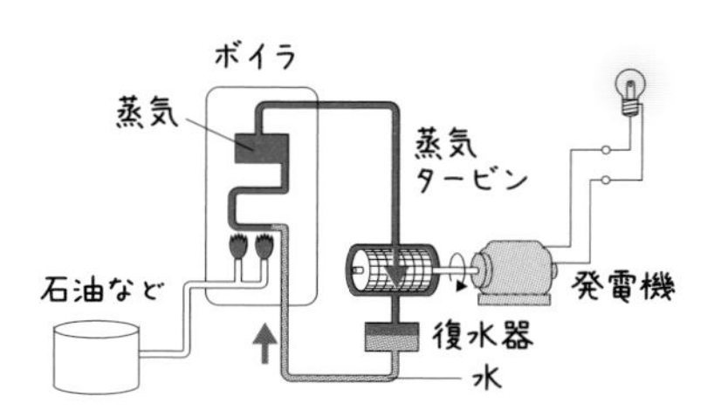

火力発電は何かを燃やしてその熱エネルギーで水を蒸気にし，タービンを回して発電させる方法です。蒸気でタービンを回す方法を汽力発電といい，電験三種では火力発電＝汽力発電と考えて問題ありません。

熱サイクル

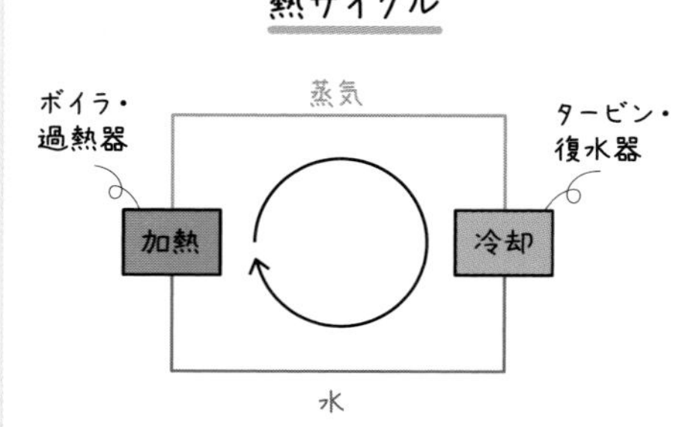

汽力発電では，タービンを回した後の蒸気は冷却されて水に戻り，再び加熱して繰り返し使用されます。これを熱サイクルといい，最も基本的な熱サイクルとしてランキンサイクルがあります。

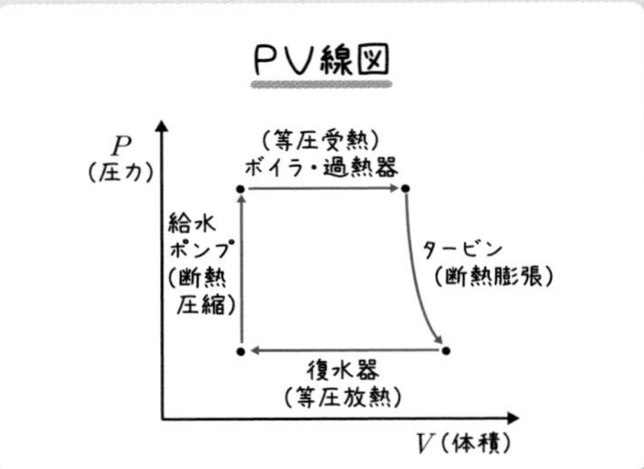

蒸気の体積は温度に比例し，圧力に反比例します。圧力と体積の変化をグラフで示すと左図のようになります（ＰＶ線図）。この台形の面積が大きいほど，発電に使うことのできるエネルギーが大きくなります。

原子力発電

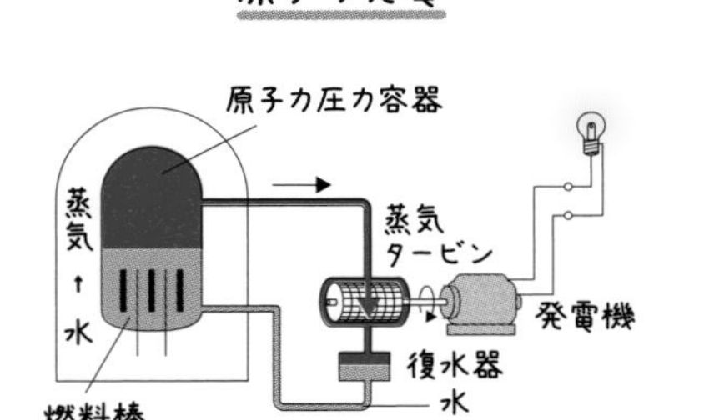

原子力発電は核反応による熱エネルギーを利用して，水を蒸気にしてタービンを回して発電する方法です。蒸気を発生させて，タービンを回すという点は火力発電に似ています。

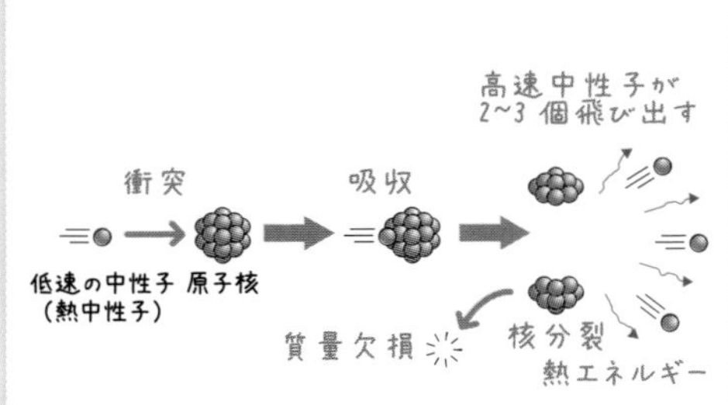

原子核に中性子を衝突させると，中性子を吸収し，分裂することがあります。複数の原子核に分裂する現象を**核分裂**といいます。このときに発生する非常に大きな熱エネルギーを使って発電を行います。

- ウラン…自然界に存在
- プルトニウム…自然界に存在しない

原子力発電には，核分裂を起こさせる物質（核燃料）としてウランかプルトニウムを使用します。ウランは自然界に存在しますが，プルトニウムは自然界には存在しません。

Ⅱ 変電

変電ってそもそもなに?

変電とは?

変電…電力の変換や調整をすること

→変電を行う場所が変電所！

変電所は，発電所から送られてきた電力をそれぞれ必要とするところに効率よく安全に配分するために調整したり変換する施設です。

変電所の役割

役割	機器
送配電に適した電圧に変換する	変圧器
電力の流れを調整する	開閉装置
事故が発生したときに回線を切り離す	遮断器
無効電力の調整を行う	調相設備
負荷の変化に応じて電圧を調整する	負荷時タップ切換変圧器

変電所には，さまざまな役割があります。

変圧器

変圧器…交流の電圧を調整する機械

変圧器は，交流の電圧を高くしたり，低くしたりする機器です。詳しくは「4．機械」で学習します。

パーセントインピーダンスってなに?

パーセントインピーダンス
…インピーダンスに定格電流が流れたときの電圧降下と定格電圧の比

電力の「変電」の分野では，パーセントインピーダンス（%Z）を使った計算問題が多く出題されます。パーセントインピーダンスは，変圧器の内部にある抵抗や電流を妨げる作用（リアクタンス）の値の合計（=インピーダンス）の大きさを［Ω］ではなく，割合で表したものです。

調相設備ってなに?

- 重い負荷（遅れ力率）のとき
→電力用コンデンサを投入して改善

- 軽い負荷（進み力率）のとき
→分路リアクトルを投入して改善

負荷が重いと遅れ電流による電圧降下が生じ，負荷が軽いと進み電流となり電圧が上昇します。調相設備とは，遅れ力率や進み力率を改善して供給電圧を一定に保つ設備です。

Ⅲ 送電

送電と配電ってどう違う？

送電線路と配電線路

送電線路	配電線路
発電所～発電所	変電所～需要家
発電所～変電所	
変電所～変電所	

電気の通り道である電線路は送電線路と配電線路の２つに分類されます。では，送電と配電はどう違うのでしょうか。

送電線路とは発電所から変電所までの電線路のことで，配電線路は変電所から需要家（電気を使う人や会社設備）までのことです。

送電の基本

架空送電線路と地中電線路

架空送電線路…鉄塔や鉄柱に電線を張る

地中電線路…地中に埋める
→ケーブルを使用

電線路を構造でみると，架空送電線路と地中電線路があります。架空送電線路は，鉄塔や鉄柱などの支持物に電線を張る送電線路です。

地中電線路は送電線や配電線を地中に埋めるので，景観を損ねなかったり，雷などの天候の影響を受けないなどの利点があります。

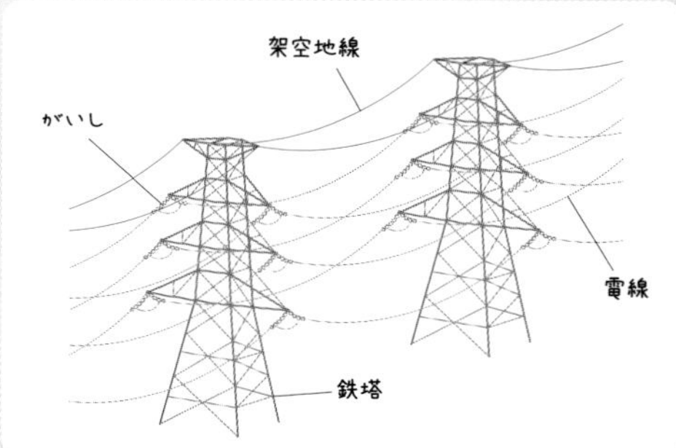

架空送電線路は支持物（鉄塔や鉄柱），電線，架空地線（雷を防ぐためのもの），がいし（電線を固定する器具）から構成されています。

送電線に起こる障害

フラッシオーバと逆フラッシオーバ

フラッシオーバ…電線から鉄塔に電流が流れる現象

逆フラッシオーバ…鉄塔から電線に電流が流れる現象

架空送電線の事故で多いのは落雷によるものです。雷が送電線に直撃し，送電線から鉄塔に電流が流れることをフラッシオーバといいます。

逆に，鉄塔が直撃雷を受け，鉄塔から電線に電流が流れる現象を逆フラッシオーバといいます。

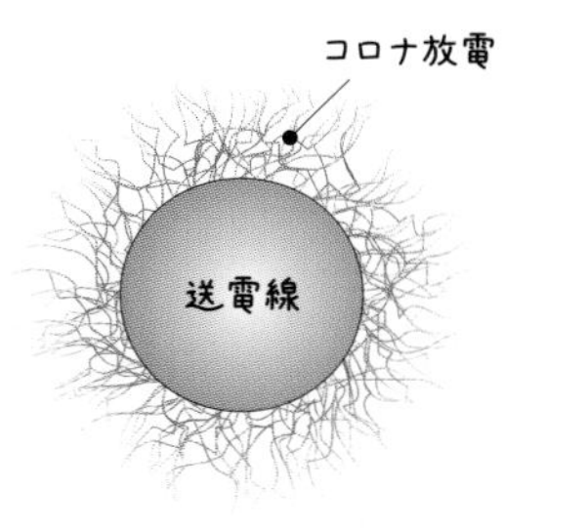

ほかにも塩害や振動，そしてコロナによる障害もあります。

空気は絶縁体ですが，架空送電線の電圧が非常に高くなると，絶縁が破壊され，送電線の表面から放電することがあります。これをコロナ放電といいます。

電線のたるみ

ぴんと張った電線

たるんだ電線

架空送電線では，電線の重さによりたるみが生じます。たるみを小さくするためには，電線を強く引っ張る必要がありますが，夏は電線が伸び，冬は電線が縮むため，強く引っ張りすぎると冬に電線が切れるおそれがあります。
試験ではたるみに関する計算問題も出題されています。

Ⅳ 配電

配電って?

配電の流れ

配電用変電所 → 高圧配電線 → 柱上変圧器 → 低圧配電線 → 引込線 → 各家庭などへ

電力会社から各家庭などに電気を送る流れは，まず，配電用変電所から高圧配電線を使って送った高圧の電気を，柱上変圧器によって電圧を落とし，低圧配電線に送り，引込線を通して各家庭などに供給されます。

配電の方式ってどんなもの?

配電の方式

- 三相3線…三相交流を3本の電線で送る
- 三相4線…三相交流を4本の電線で送る
- 単相2線…単相交流を2本の電線で送る
- 単相3線…単相交流を3本の電線で送る

配電線の回路は電源と配線の本数によっておもに4種類に分類されます。試験では，それぞれの方式についての計算問題も出題されます。

配電の構成方式

- 樹枝状方式（放射状方式）
- ループ方式（環状式）
- 低圧バンキング方式
- スポットネットワーク方式
- レギュラーネットワーク方式

配電用変電所から各需要家までの配電線路の形状から，配電の構成方式を分類することができます。高圧配電線路ではおもに樹枝状方式とループ方式が，低圧配電線路では樹枝状方式が用いられます。

「電力」試験問題にチャレンジ

水力発電

図において，基準面からh_1[m]の高さにおける水管中の流速をv_1[m/s]，圧力をp_1[Pa]，水の密度をρ [kg/m^3]とすれば，質量m[kg]の流水が持っているエネルギーは，位置エネルギーmgh_1[J]，運動エネルギー［　(ア)　］[J]及び圧力によるエネルギー［　(イ)　］[J]である。これらのエネルギーの和は，エネルギー保存の法則により，最初に水が持っていた［　(ウ)　］に等しく，高さや流速が変化しても一定となる。これを［　(エ)　］という。ただし，管路には損失がないものとする。

上記の記述中の空白箇所(ア)，(イ)，(ウ)及び(エ)に記入する語句又は式として，正しいものを組み合わせたのは次のうちどれか。

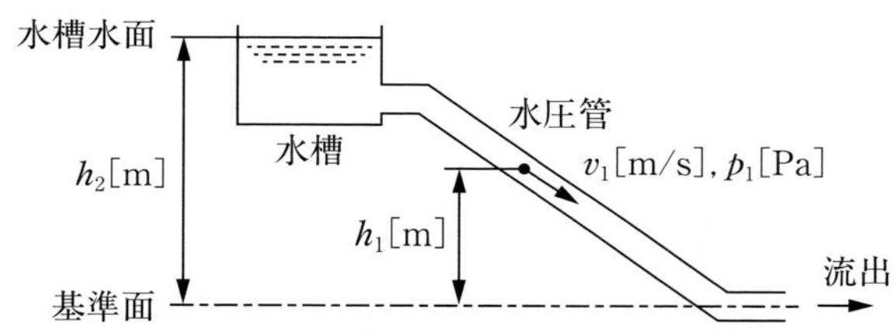

	(ア)	(イ)	(ウ)	(エ)
(1)	$\frac{1}{2}mv_1^2$	$m\frac{p_1}{\rho}$	位置エネルギー	ベルヌーイの定理
(2)	mv_1^2	$m\frac{\rho}{p_1}$	位置エネルギー	パスカルの原理
(3)	$\frac{1}{2}mv_1^2$	$\frac{p_1}{\rho g}$	運動エネルギー	ベルヌーイの定理
(4)	$\frac{1}{2}mv_1$	$m\frac{p_1}{\rho}$	運動エネルギー	パスカルの原理
(5)	$\frac{1}{2}\frac{v_1^2}{g}$	$\frac{p_1}{\rho g}$	圧力によるエネルギー	ベルヌーイの定理

H16-A2

解説

質量m[kg]の流水が持っているエネルギーは，位置エネルギーmgh_1[J]，運動エネルギー(ア)$\frac{1}{2}mv_1{}^2$[J]，圧力によるエネルギーは(イ)$m\frac{p_1}{\rho}$[J]（圧力エネルギーはp_1Vで求められ，選択肢の形式に合わせるために体積Vを質量mと密度ρで表す）である。

これらのエネルギーの和は，エネルギー保存の法則により，最初に水が持っていた(ウ)**位置エネルギー**に等しく，高さや流速が変化しても一定となる。これを，(エ)**ベルヌーイの定理**という。

よって，(1)が正解。

答… (1)

汽力発電

図は，汽力発電所の基本的な熱サイクルの過程を，体積Vと圧力Pの関係で示したPV線図である。

図の汽力発電の基本的な熱サイクルを[(ア)]という。A→Bは，給水が給水ポンプで加圧されボイラに送り込まれる[(イ)]の過程である。B→Cは，この給水がボイラで加熱され，飽和水から乾き飽和蒸気となり，さらに加熱され過熱蒸気となる[(ウ)]の過程である。C→Dは，過熱蒸気がタービンで仕事をする[(エ)]の過程である。D→Aは，復水器で蒸気が水に戻る[(オ)]の過程である。

上記の記述中の空白箇所(ア)，(イ)，(ウ)，(エ)及び(オ)に当てはまる語句として，正しいものを組み合わせたのは次のうちどれか。

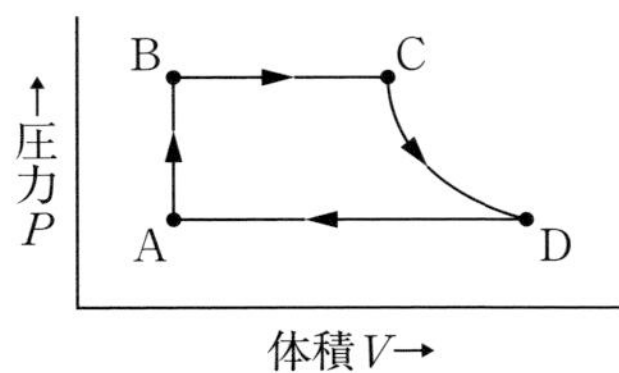

	(ア)	(イ)	(ウ)	(エ)	(オ)
(1)	ランキンサイクル	断熱圧縮	等圧受熱	断熱膨張	等圧放熱
(2)	ブレイトンサイクル	断熱膨張	等圧放熱	断熱圧縮	等圧放熱
(3)	ランキンサイクル	等圧受熱	断熱膨張	等圧放熱	断熱圧縮
(4)	ランキンサイクル	断熱圧縮	等圧放熱	断熱膨張	等圧受熱
(5)	ブレイトンサイクル	断熱圧縮	等圧受熱	断熱膨張	等圧放熱

H20-A3

解説

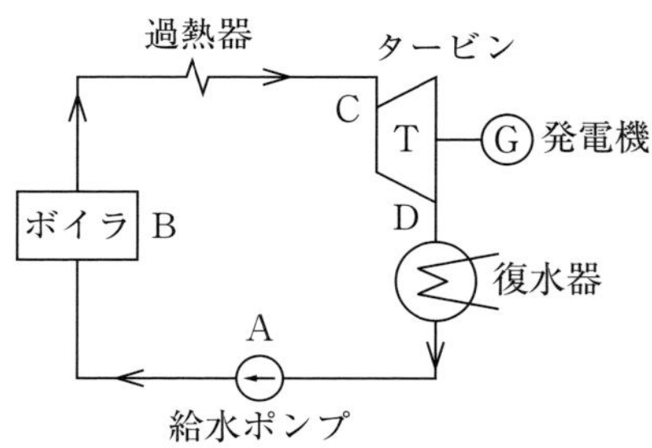

汽力発電の基本的な熱サイクルを(ア)**ランキンサイクル**という。

A→Bは，給水が給水ポンプで加圧されボイラに送り込まれる(イ)**断熱圧縮**の過程である。

B→Cは，この給水がボイラで加熱され，飽和水から乾き飽和蒸気となり，さらに加熱され過熱蒸気となる(ウ)**等圧受熱**の過程である。C→Dは，過熱蒸気がタービンで仕事をする(エ)**断熱膨張**の過程である。D→Aは，復水器で蒸気が水に戻る(オ)**等圧放熱**の過程である。

よって，(1)が正解。

答… (1)

変電所の役割

電力系統における変電所の役割と機能に関する記述として，誤っているのは次のうちどれか。

(1) 構外から送られる電気を，変圧器やその他の電気機械器具等により変成し，変成した電気を構外に送る。

(2) 送電線路で短絡や地絡事故が発生したとき，保護継電器により事故を検出し，遮断器にて事故回線を系統から切り離し，事故の波及を防ぐ。

(3) 送変電設備の局部的な過負荷運転を避けるため，開閉装置により系統切換を行って電力潮流を調整する。

(4) 無効電力調整のため，重負荷時には分路リアクトルを投入し，軽負荷時には電力用コンデンサを投入して，電圧をほぼ一定に保持する。

(5) 負荷変化に伴う供給電圧の変化時に，負荷時タップ切換変圧器等により電圧を調整する。

H21-A6

解説

無効電力とは皮相電力のうち，負荷で消費されなかった電力である。無効電力の調整では，**重負荷時には**遅れ力率となるので**電力用コンデンサ**を投入して位相を進め，**軽負荷時には**進み力率となるので，**分路リアクトル**を投入して位相を遅らせる。よって(4)が誤り。

答… (4)

4. 機械の基礎

ここでは下のイメージ図で機械編の全体像と出題傾向を紹介します。
次のページからは，「機械」で重要な四機（Ⅰ～Ⅳ）とパワエレ（Ⅴ）の概要を説明します。

「機械」のイメージ図

問題数とその内訳

	問題数	計算問題	正誤・穴埋め問題
A問題	14問	4～8問	6～10問
B問題	3問*	3問	0～1問

＊4題出題され，3題を解答する

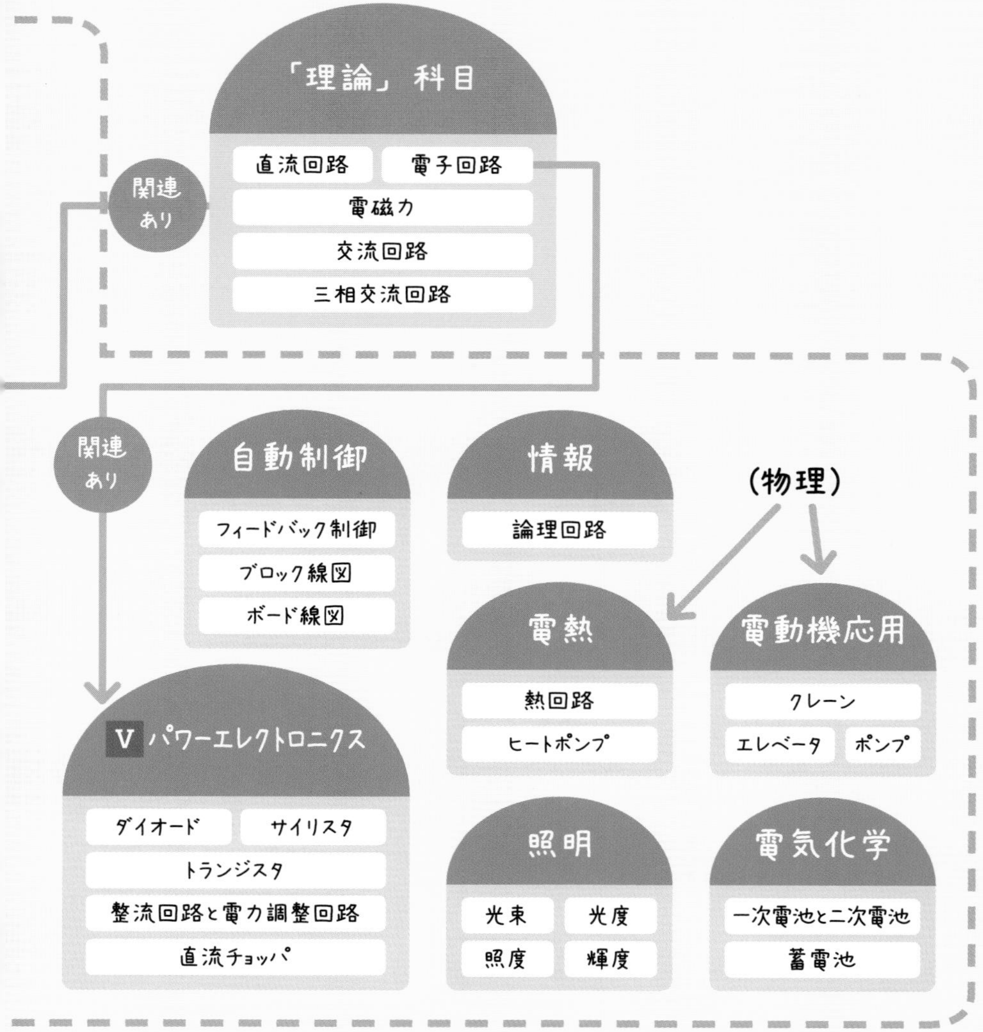

「理論」科目
直流回路
電子回路
電磁力
交流回路
三相交流回路

関連あり

関連あり

自動制御
フィードバック制御
ブロック線図
ボード線図

情報
論理回路

（物理）

電熱
熱回路
ヒートポンプ

電動機応用
クレーン
エレベータ
ポンプ

V パワーエレクトロニクス
ダイオード
サイリスタ
トランジスタ
整流回路と電力調整回路
直流チョッパ

照明
光束
光度
照度
輝度

電気化学
一次電池と二次電池
蓄電池

Ⅰ 直流機

直流機ってなに?

直流機
- 直流発電機
  直流機の出題は5割が発電機
- 直流電動機
  直流機の出題は5割が電動機

外からの力を受けて，直流の電気を作る機械を直流発電機，直流の電気で動くモーター（電動機）を直流電動機といいます。
直流発電機と直流電動機を総称して直流機と呼びます。

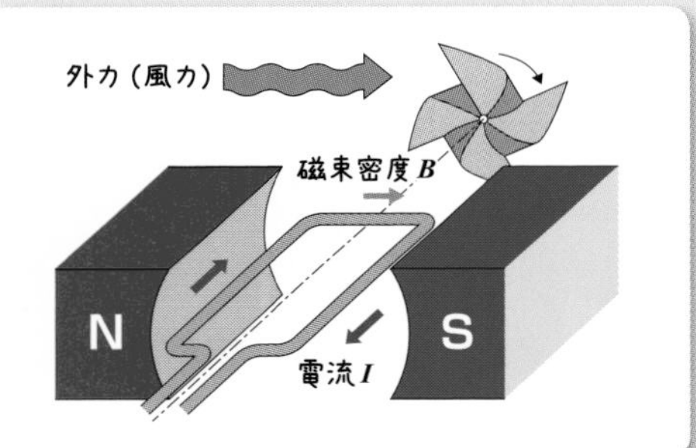

直流発電機では，外からの力で磁界中のコイルを回して，電気をつくります（左図）。
直流電動機では，磁界中でコイルに電流を流し，コイルに生じる電磁力（理論）でコイルを回転させます。

直流機においては，このコイルを電機子（でんきし）といいます。

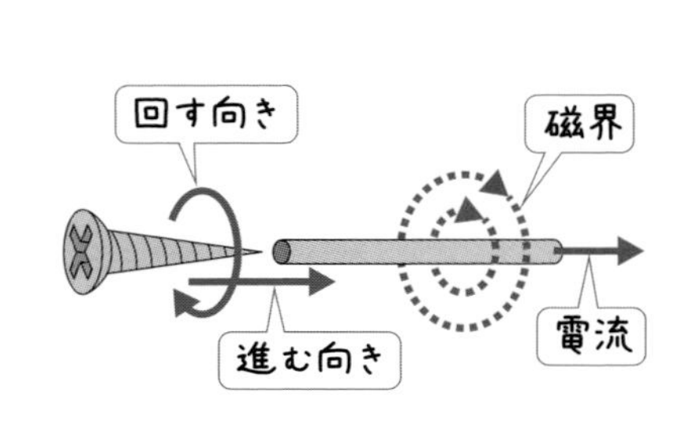

電流の流れる向きを，右ねじの進む向きと合わせると，右ねじを回す向きが磁界の向きとなります（右ねじの法則 理論）。

上の発電機の図でコイルに電流が流れると，電流の周りに磁界が生じます。この磁界は，N極とS極がつくる磁界に影響を与えます。これを電機子反作用といいます。

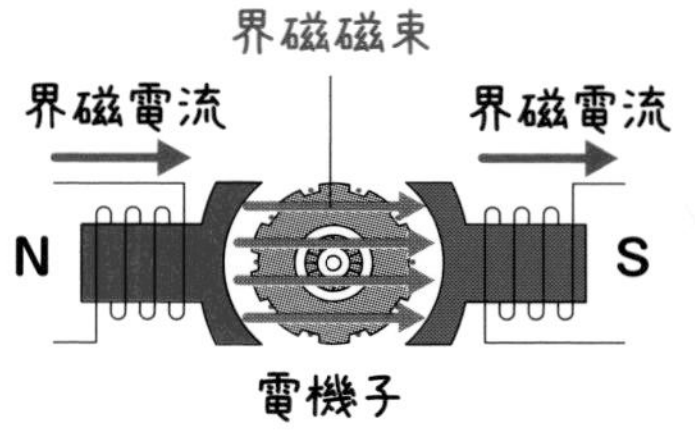

界磁とは，磁界を発生させる装置です。界磁に電流を流すことで，鉄心が電磁石になります。
このときに流す電流を界磁電流といい，これにより磁界をつくることができます。界磁（装置）と磁界（磁力の働く空間）は言葉が似ていますが別物です。
界磁磁束は，界磁によってつくられる磁束のことです。

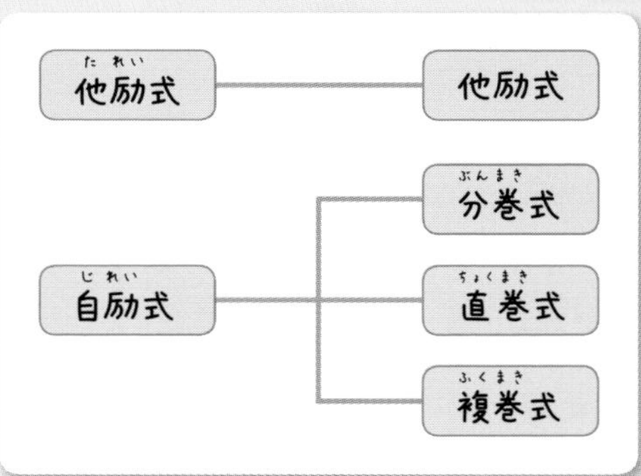

直流発電機の界磁電流を流す方法（励磁方法）は，左のように分類できます。
他励式は，界磁電流を流すために専用の電源をほかから取ってきて磁界をつくる方法です。
自励式は，発電機自身の電源で界磁電流を流し，磁界をつくる方法です。

直流機は計算問題が頻出するよ！

直流機では発電機の出力や，電動機のトルクや回転速度の計算問題が出題されます。

Ⅱ 変圧器

変圧器ってなに?

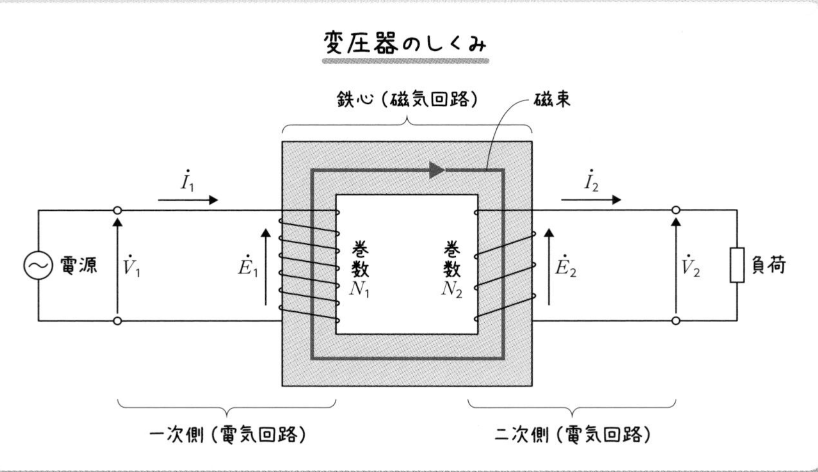

変圧器は，電磁誘導（理論）を利用して交流の電圧を変える装置です。
電源に接続する巻線を一次コイル，電圧を変えたあとの出力側の巻線を二次コイルと呼びます。
一次側の交流電流はつねに大きさと向きが変化するので，つねに変化する磁束が発生します。これが鉄心内を通って二次側のコイルを貫き，二次コイルに誘導起電力が生じます。交流電圧の比はコイルの巻数比に等しくなります。

変圧器→損失・効率の計算が頻出!

損失

- 鉄損…鉄心中で発生（渦電流など）するもの
- 銅損…巻線の抵抗で消費するもの

変圧器に関する出題で多いのは，損失・効率の計算問題です。

変圧器内部での損失は大部分が鉄損と銅損です。鉄損は負荷に関係なく鉄心中で発生する損失で，ヒステリシス損と渦電流損があります。銅損は巻線の抵抗で消費するものです。

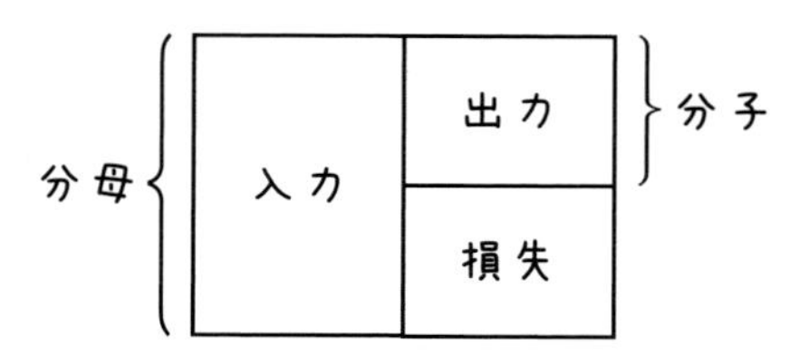

効率 ＝ 出力 / (出力＋損失)

効率とは，入力に対する出力の比率のことです。

並行運転（へいこううんてん）…複数の変圧器を並列につないで運転すること

複数の変圧器を並列につないで運転することがあります。これを並行運転といいます。出力を増やしたり，効率的に運転したいときに用いられます。

変圧器→抵抗や漏れリアクタンスによって電圧が下がることがある！
→パーセントインピーダンスで表す

変圧器は，電源と負荷の間に接続されるため，コイルの抵抗や漏れリアクタンスによって，電圧が下がることがあります。二次側の負荷を短絡し，一次側からみたインピーダンスを短絡インピーダンスといいます。これは，基準電圧のどのくらいが降下したかを示す，パーセントインピーダンス（%Z）で表します。

Ⅲ 誘導機

誘導機ってなに？

誘導機

誘導発電機 …ほとんど出題されない

誘導電動機 …誘導機の出題は9割がこっち

誘導機には，誘導発電機と誘導電動機がありますが，試験に出題されるのは，ほとんどが誘導電動機に関する問題です。
なぜなら，実際にたくさん使われているからです。

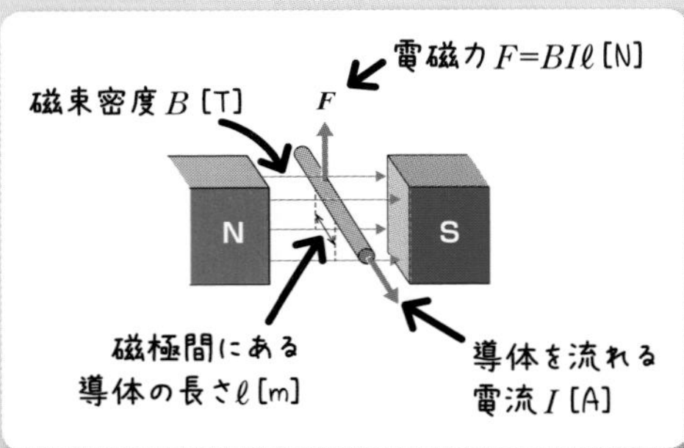

誘導電動機は，交流の機械であり，電磁力によって回転します（理論）が，その過程は複雑です。
そのプロセスを【STEP1】と【STEP2】に分けて説明します。

なお，電磁力とは，磁界中で導体に電流が流れたとき，導体に働く力のことです。

【STEP1】

S　N

電流が発生

電流が発生

磁石の運動

誘導電動機では，円筒状の導体の周りで，円筒に沿って磁界を回転させます。
すると，フレミングの右手の法則（理論）によって，左図のように電流が発生します。

なお，円筒部分は，かごのような形であったり，コイルであったりします。

【STEP2】

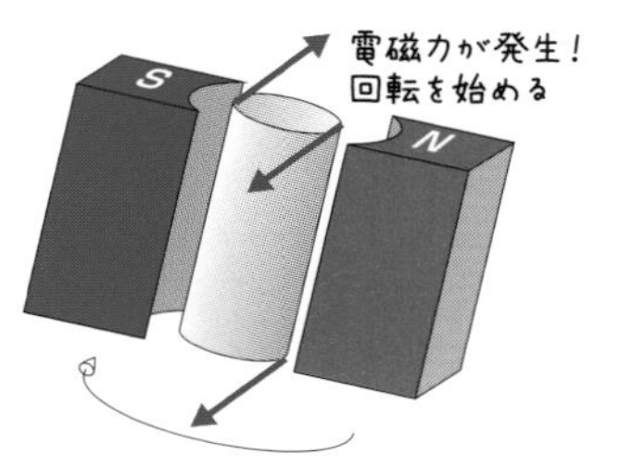

電流が流れると，今度はフレミングの左手の法則（理論）によって，電磁力が発生し円筒が回転を始めます。
これが誘導機の原理です。

円筒の部分は，回転するので，回転子といいます。

必ず

回転子の回転速度 < 磁石の回転速度

回転子の回転速度は，磁石の回転速度よりも必ず遅れます。
なぜなら，回転子の回転速度と回転磁界の回転速度が等しいと相対的な速度がゼロになり，【STEP1】で電流が発生せず，【STEP2】の電磁力も発生しなくなるからです。

回転磁界と固定子①

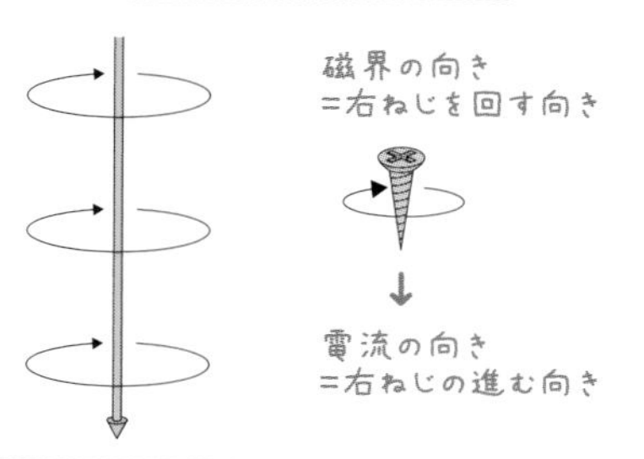

実際には，磁石を回転させるわけではなく，電流の周りに磁界が発生する（理論）ことを利用して，回転する磁界をつくります。

回転磁界と固定子②

合成された交番磁界

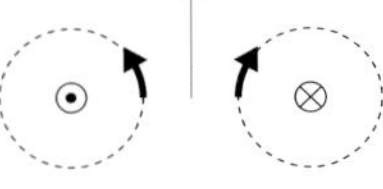

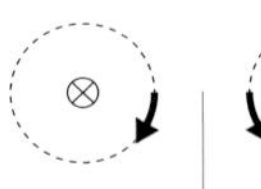

交互に方向が変化する交番磁界

往復する交流電流を利用すると，向きが交互に変化する交番磁界ができます。
交番磁界のタイミングと向きをズラして組み合わせることで，回転磁界をつくることができます。
これが，誘導機が交流の機械である理由です。

回転磁界と固定子③

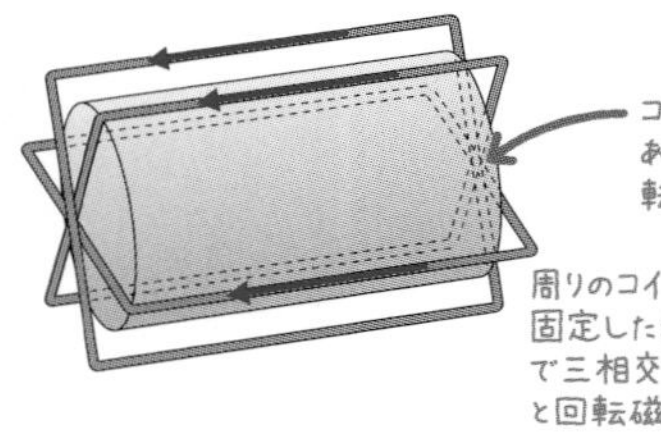

たとえば，左図のように円筒の周りにコイルを設置して三相の交流の電流を流せば，回転する磁界ができます。
この回転磁界をつくる外側のコイルは回転しないので固定子と呼ばれます。

回転磁界と固定子④

極数=N極やS極の数

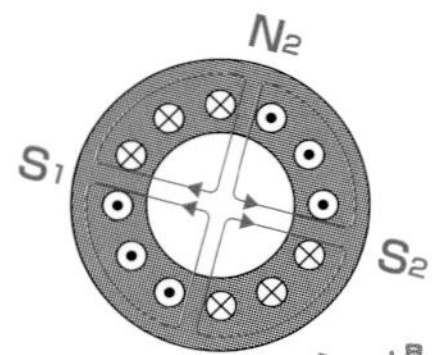

この場合は極数は4

磁極の数を極数といいます。固定子のコイルの巻き方によっては，極数を増やすことができます。

回転磁界と固定子⑤

同期速度…回転磁界の回転速度

電流の向きが変化するタイミングにあわせて回転磁界の向きも変化します。タイミングがあうことを同期といいます。
回転磁界の回転速度は電源の周波数に同期しているので同期速度といいます。
同期速度は極数と電源の周波数で決まります。

滑り

$$滑り\ s=\frac{同期速度\ N_s-回転速度\ N}{同期速度\ N_s}$$

誘導電動機において，回転子の回転速度が同期速度よりも必ず遅い状態になります。
同期速度と回転速度の差を滑りといいます。

回転子

- 回転子
  - かご形回転子
  - 巻線形回転子（まきせんがたかいてんし）

誘導電動機は，回転磁界を作る固定子（外側のコイル）と，回転子（円筒部分）から構成されます。
回転子はかご形と巻線形の２種類があります。

かご形回転子

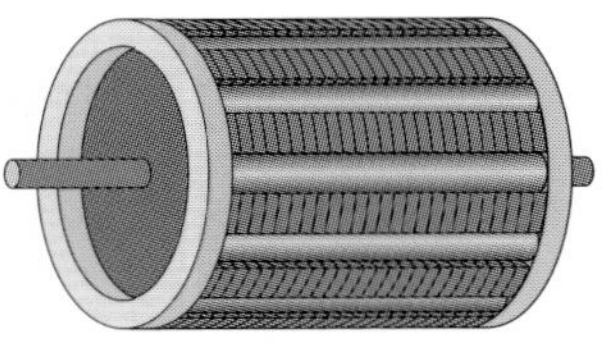

かご形回転子は回転子を「鳥かご」のような形にしたものです。
かご形回転子で発生した電流の流れは，内部で完結していて外部に取り出すことはできません。

かご形回転子は，構造がシンプルで小さくて頑丈です。

巻線形回転子

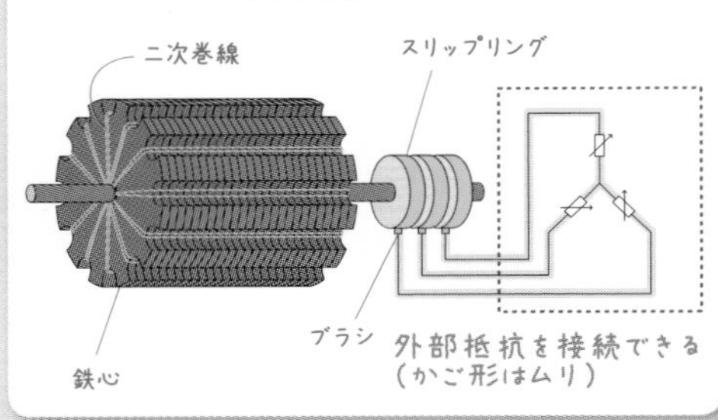

巻線形回転子は，発生した電流を外部に取り出してコントロールすることができます。

電流の大きさをコントロールすることで，回転もコントロールすることができます。

誘導機→計算問題が多く出るよ！

誘導機では，同期速度や極数，滑りに関する計算問題，入力と出力，銅損などに関する計算問題などが多く出題されます。

Ⅳ 同期機

同期機ってなに?

同期機 ── 同期発電機
同期機の出題は7割が発電機
── 同期電動機
同期機の出題は3割が電動機

同期機とは，回転磁界と同期して回転する交流機のことです。同期発電機と同期電動機に分けられ，どちらも構造は同じです。
水力発電所や火力発電所，原子力発電所などにある交流発電機はほとんど同期発電機です。

同期発電機について

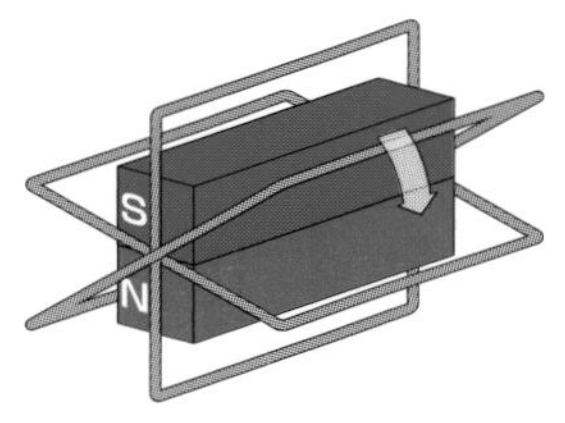

回転子（磁石）を回転させると，コイル（導体）が磁束を切るので，3つのコイルにそれぞれ誘導起電力が発生します（理論）。これが同期発電機の原理です。

同期速度は周波数と極数から求めることができます。

同期機の回転子

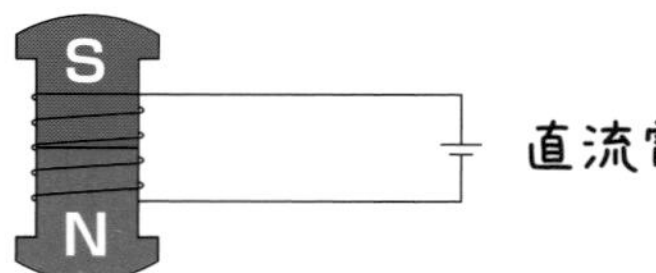

直流機と同じように，磁界をつくる装置を界磁といいます。
磁石の代わりに鉄心を磁化させて電磁石として使う場合，これが界磁となります。
界磁を流れる電流を界磁電流といいます。

同期電動機について

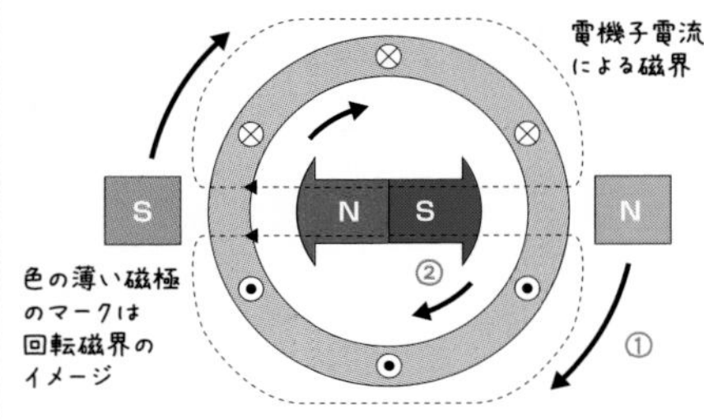

回転子（磁石）の周りに回転磁界をつくれば，磁石は回転磁界に引っ張られて回転します。これが同期電動機の原理です。

①三相交流によって回転磁界をつくりだすと…

②磁石が引っ張られて回転するはず→ただし，始動時はゆっくり回転磁界を回す必要あり

回転速度と回転磁界は同期する！

磁石は回転磁界に追従するため，回転磁界と同じ速度で回転します。これが同期電動機といわれる理由です。

同期機でも計算問題が多く出るよ！

同期機では短絡比，同期インピーダンス，回路計算などの計算問題と，同期電動機の始動法などが多く出題されます。

V パワーエレクトロニクス

パワエレって?

パワーエレクトロニクスとは?

- 半導体デバイスを利用して，変換や制御を行う
- 交流→直流と，直流どうしで電圧を変えることがよく出題される

パワーエレクトロニクスとは，電力用の半導体デバイスを利用して，電力の変換や制御を行う技術のことです。

電力変換	変換装置の例
❶交流→直流	整流装置（コンバータ）
❷直流→交流	インバータ
❸直流→直流（電圧が異なる）	直流チョッパ
❹交流→交流（周波数が異なる）	サイクロコンバータ

具体的には，交流から直流，直流から交流，直流から電圧が異なる直流，交流から周波数が異なる交流への変換があります。

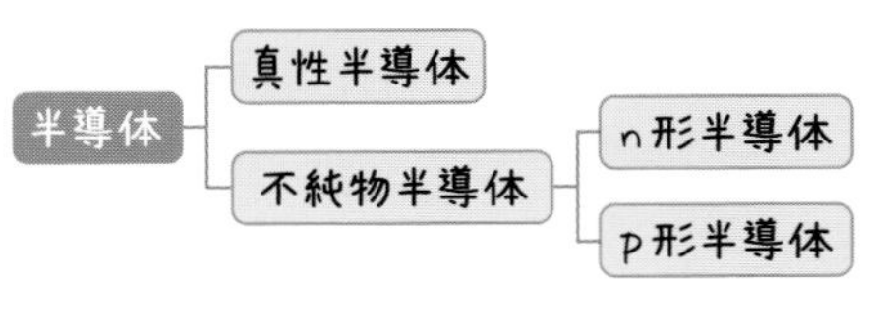

半導体は，真性半導体と不純物半導体に大別されます。（理論）
真性半導体とは，不純物を含まない，純度が高い半導体です。不純物半導体とは，微量に不純物を混ぜてつくった半導体です。不純物半導体には，n形半導体とp形半導体があります。

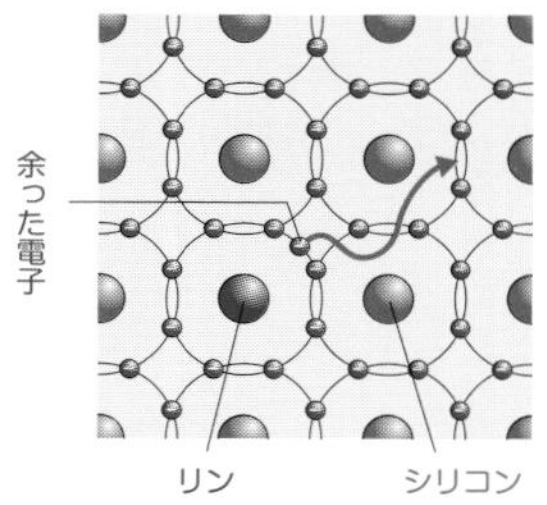

n形半導体は，シリコンの真性半導体に，価電子が5個（リンPなど）の原子を不純物として，微量に混ぜてつくった半導体です。（理論）
シリコンの真性半導体に，価電子が5個の原子を混ぜると，ほかのシリコン原子と結合していない電子が1つ余ることになります。余った電子は自由電子となり，結晶中を動き回ります。

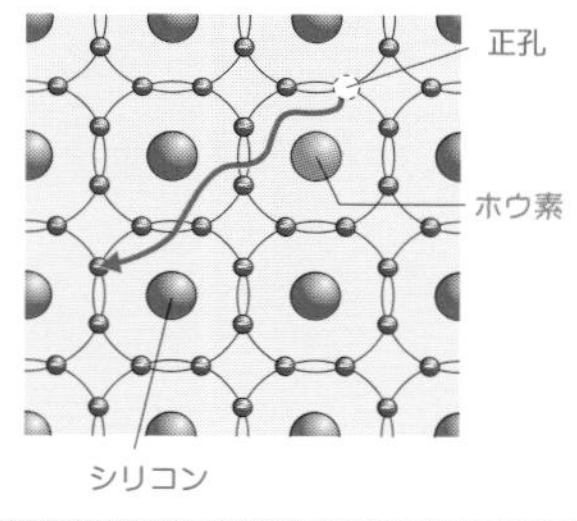

p形半導体は，シリコンの真性半導体に，価電子が3個（ホウ素Bなど）の原子を不純物として，微量に混ぜてつくった半導体です。（理論）
シリコンの真性半導体に，価電子が3個の原子を混ぜると，電子が1つ足りなくなります。電子が不足する孔は，正孔となり，正の電荷をもった粒子のように結晶中を動き回ります。

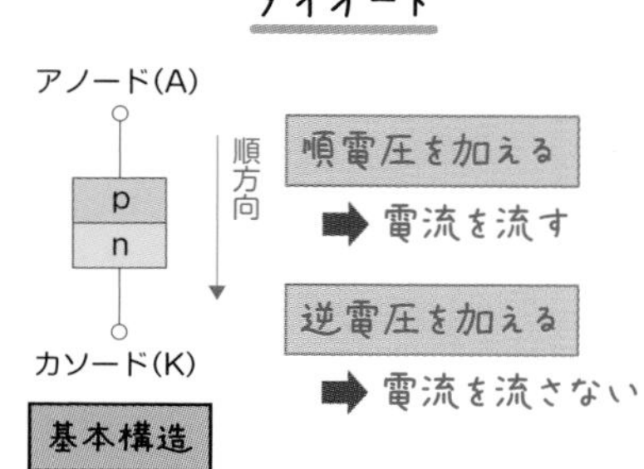

具体的な電力用半導体デバイスにはダイオード，サイリスタ，トランジスタなどがあります。
ダイオードは順方向に電圧を加えると電流が流れ，逆方向に電圧を加えるとほとんど電流が流れません。

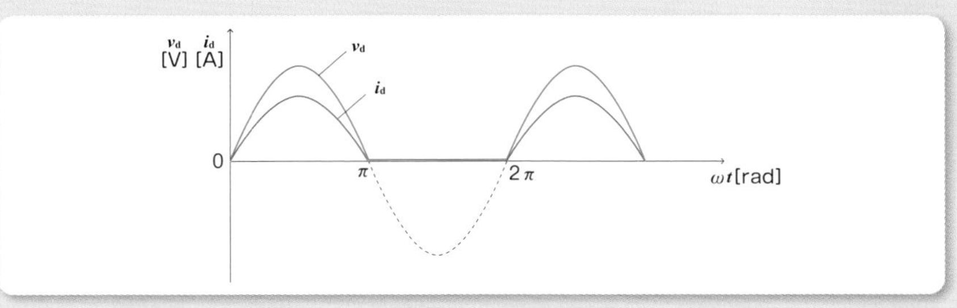

このようなダイオードの特徴を用いると，交流を直流に変えることができます。直線的ではありませんが，向きが逆にならないので直流といえます。

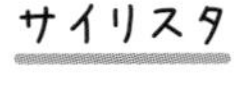

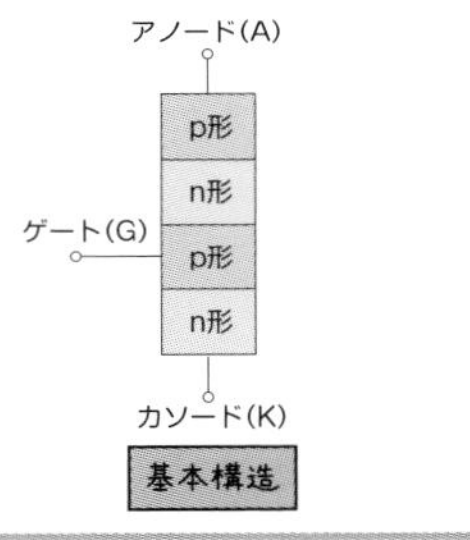

サイリスタは4層からなる構造を持つ半導体バルブデバイスです。ゲート信号とよばれる一瞬だけゲートにパッと流す電流を流すとアノードとカソードの間に電流が流れ続けます。

トランジスタ

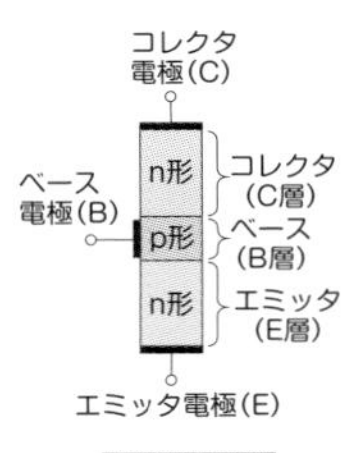

基本構造

トランジスタはp形半導体とn形半導体を交互に3層重ねたもので，電流の増幅作用を持ちますが半導体スイッチとしても用いられます。

「機械」 試験問題にチャレンジ

直流機

直流電動機が回転しているとき，導体は磁束を切るので起電力を誘導する。この起電力の向きは，フレミングの［ (ア) ］によって定まり，外部から加えられる直流電圧とは逆向き，すなわち電機子電流を減少させる向きとなる。このため，この誘導起電力は逆起電力と呼ばれている。直流電動機の機械的負荷が増加して［ (イ) ］が低下すると，逆起電力は［ (ウ) ］する。これにより，電機子電流が増加するので［ (エ) ］も増加し，機械的負荷の変化に対応するようになる。

上記の記述中の空白箇所(ア)，(イ)，(ウ)及び(エ)に記入する語句として，正しいものを組み合わせたのは次のうち どれか。

	(ア)	(イ)	(ウ)	(エ)
(1)	右手の法則	回転速度	減　少	電動機の入力
(2)	右手の法則	磁束密度	増　加	電動機の入力
(3)	左手の法則	回転速度	増　加	電動機の入力
(4)	左手の法則	磁束密度	増　加	電機子反作用
(5)	左手の法則	回転速度	減　少	電機子反作用

H13-A1

解説

(ア)　誘導起電力の向きはフレミングの**右手の法則**によって決まる。

(イ)　直流電動機の機械的負荷が増加すると，**回転速度**が低下する。

(ウ)　誘導起電力の公式$e = Blv$より，速度が低下すると，誘導起電力も**減少**する。

(エ)　逆起電力が減少し，電機子電流が増加すると，**電動機の入力**が大きくなる。

よって，(1)が正解。

答… (1)

誘導機

三相誘導電動機は，［（ア）］磁界を作る固定子及び回転する回転子からなる。

回転子は，［（イ）］回転子と［（ウ）］回転子との2種類に分類される。

［（イ）］回転子では，回転子溝に導体を納めてその両端が［（エ）］で接続される。

［（ウ）］回転子では，回転子導体が［（オ）］，ブラシを通じて外部回路に接続される。

上記の記述中の空白箇所(ア)，(イ)，(ウ)，(エ)及び(オ)に当てはまる語句として，正しいものを組み合わせたのは次のうちどれか。

	(ア)	(イ)	(ウ)	(エ)	(オ)
(1)	回転	円筒形	巻線形	スリップリング	整流子
(2)	固定	かご形	円筒形	端絡環	スリップリング
(3)	回転	巻線形	かご形	スリップリング	整流子
(4)	回転	かご形	巻線形	端絡環	スリップリング
(5)	固定	巻線形	かご形	スリップリング	整流子

H21-A3

解説

三相誘導電動機は，(ア)**回転**磁界を作る固定子と，回転する回転子から構成されている。

回転子は，(イ)**かご形**と(ウ)**巻線形**の2種類に分類され，かご形回転子は両端が(エ)**端絡環**で電気的に接続されている。一方，巻線形回転子は，三相巻線を(オ)**スリップリング**，ブラシを通して外部の端子に接続できる。

よって，(4)が正解。

答… (4)

5. 法規の基礎

ここでは下のイメージ図で法規編の全体像と出題傾向を紹介します。
次のページからは，「法規」で特に押さえておいてほしいポイントを取り上げます。

「法規」のイメージ図

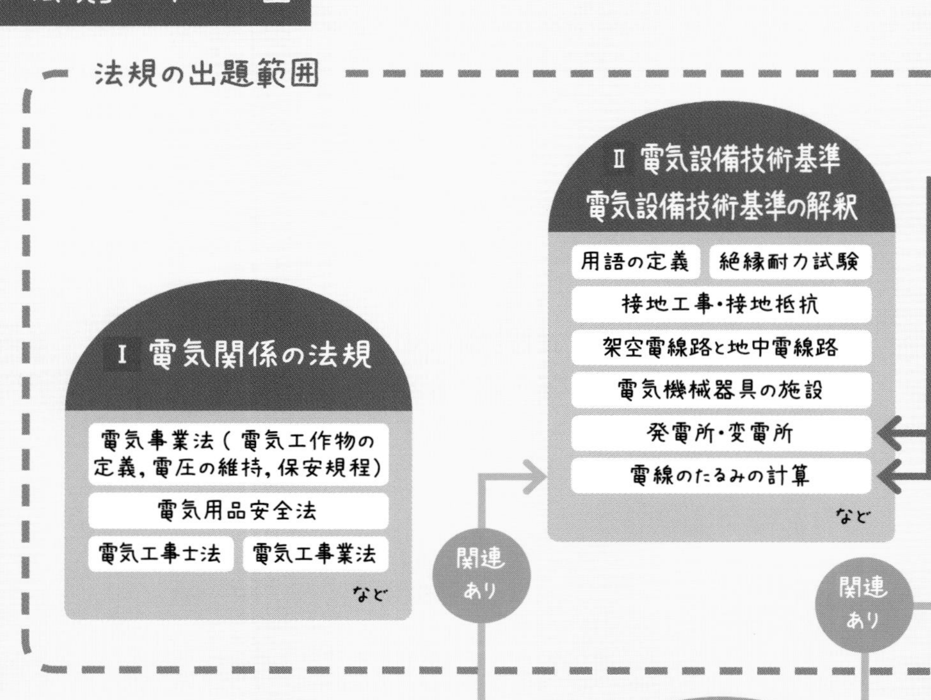

「理論」科目

- オームの法則
- キルヒホッフの法則
- テブナンの定理
- 交流回路
- 三相交流回路
- コンデンサ

など

問題数とその内訳

	問題数	計算問題	正誤・穴埋め問題
A問題	10問	0～2問	8～10問
B問題	3問	2～3問	0～1問

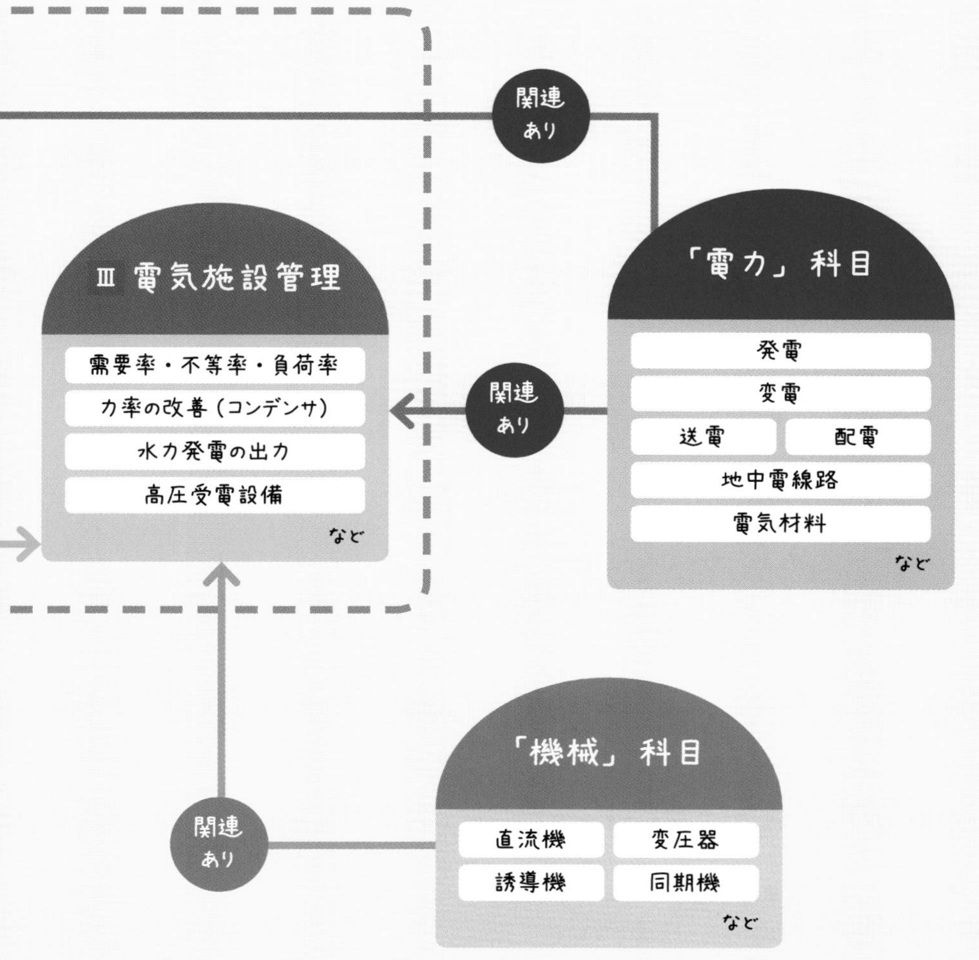

I 電気関係の法規

そもそも法律って?

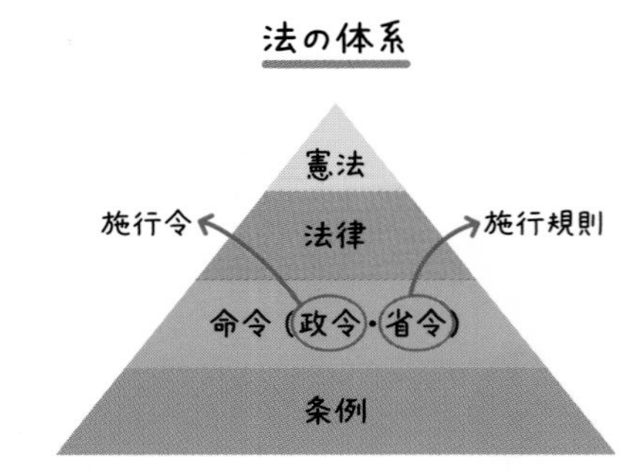

法は大きく，憲法，法律，命令，条例から構成されています。国会で制定される法律だけでなく，行政機関が定める命令（省令）も含まれます。

条文の構造

- 条文
- 項
- 号

法律は第１条，第２条…というように，「条文」から構成されています。条文が長い際，第１項，第２項…というように「項」に区分します。また，条文や項のなかで多くの事項を列挙する際には「号」で分類します。

「以上」…基準を含んでそれより多い
→ 30 V以上→30 Vを含む！

「超える」…基準を含まずにそれより多い
→ 30 Vを超える→30 Vを含まない！

「以下」…基準を含んでそれより少ない
→ 30 V以下→30 Vを含む！

「未満」…基準を含まずにそれより少ない
→ 30 V未満→30 Vを含まない！

法律用語については，気をつけなければならないところが多くありますが，電験については，「以上，超える，以下，未満」と「又は，若しくは，並びに，及び」の使い分けに注意しましょう。

「A若しくはB 又は C」
AかBのどちらか一方 と C

「A及びB 並びに C」
AとBというグループ と C

文章のなかでどちらかを選択する場合に用いるのが「又は」と「若しくは」です。段階がある際，大きな選択的連結に「又は」，小さな選択的連結に「若しくは」を用います。

「及び」「並びに」は並列する場合に用いられます。小さな並列的連結に「及び」を用い，大きな並列的連結に「並びに」を用います。

電気関係の法規って？

電気関係の法律

- 電気事業法 → 最も重要！
- 電気用品安全法
- 電気工事士法
- 電気工事業法

電気関係の法律にはおもなものに電気事業法と電気用品安全法，電気工事士法，電気工事業法があります。この4つはいずれも試験範囲ですが，そのなかでも最も重要なのは電気事業法です。

電気事業法

電気事業法…電気事業についての基本的な法律

電気事業法は，電気事業のあり方や活動の規制を行うための基本的な法律です（1964年施行）。電気事業や電気工作物の保守・運用について定められています。

電気用品安全法

電気用品安全法…電気用品の製造・販売を規制する法律

→電気用品の定義などが定められている

電気用品安全法は，電気用品による危険および障害の発生を防止するため，その製造や販売などを規制するものです。

電気用品

「特定電気用品」と「特定電気用品以外の電気用品」

→危険度が高いものが特定電気用品

例：電線，ケーブル，変圧器など

特定電気用品

PS
E

特定電気用品以外の電気用品

電気用品とは，電気工作物の一部となったり，接続したりして使用される機械や器具，材料などのことです。危険度が高いものは，特定電気用品と呼ばれます。

電気工事士法

電気工事士法…電気工事に従事する人の資格や義務を定めたもの

→電気工事士でないとできないことと，誰でもできることの違いなどが決められている

電気工事士法は，電気工事に従事する者の資格や義務を定め，電気工事の欠陥による災害を防止するための法律です。

電気事業法

電気事業法の目的

- 電気事業の健全な発達
- 電気工作物の工事，維持，運用の規制
- 公共の安全の確保，環境の保全

電気事業法の目的は「電気事業の健全な発達を図るとともに，電気工作物の工事，維持及び運用を規制することによって，公共の安全を確保し，及び環境の保全を図ること」です（第1条）。

電気事業の分類

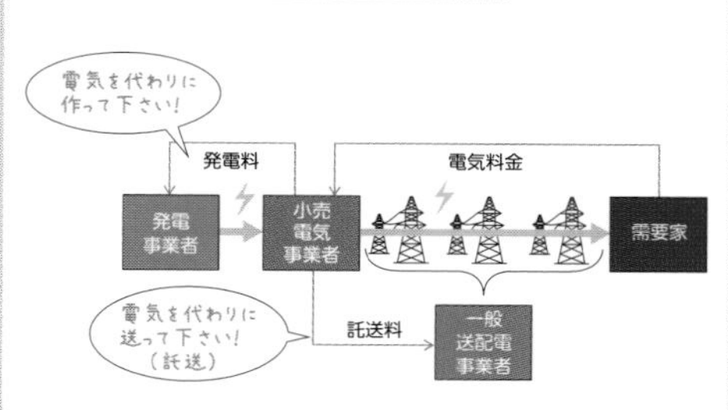

電気事業法における電気事業は，「小売電気事業」，「一般送配電事業」，「送電事業」，「配電事業」，「特定送配電事業」，「発電事業」などに分類されます。

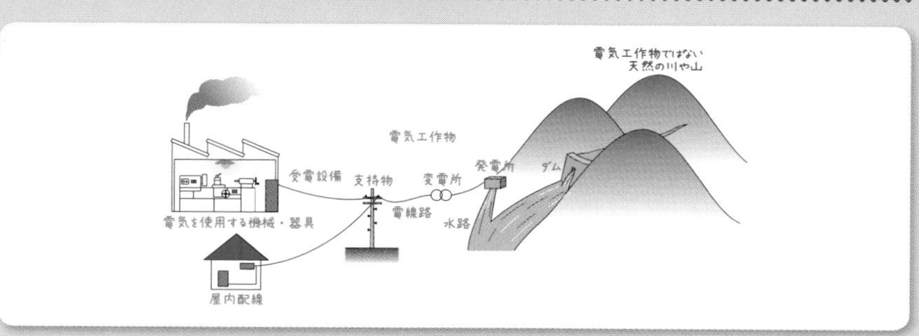

電気工作物とは，発電，蓄電，変電，送電，配電，電気の使用のために設置する機械などのことをいいます。一般用電気工作物と事業用電気工作物に分けられます。

電気工作物の内訳

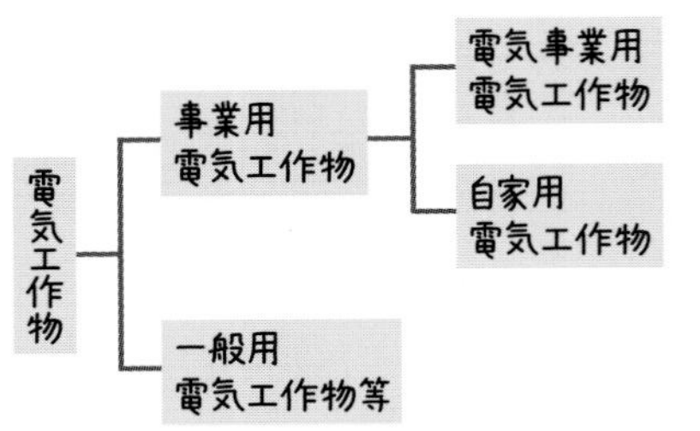

事業用電気工作物は電気事業用と自家用に分けられます。これらは使途と電圧で分類されます。

電気事業者の義務

- 電圧および周波数の維持
- 事故の報告

電力会社などの電気事業者は電気事業法で，供給する電気の電圧および周波数の維持などの義務を負っています。また，事故が起こってしまった場合は，その報告も義務づけられています。

維持すべき電圧と周波数

- 電圧

標準電圧	維持すべき値
100 V	101± 6 V
200 V	202±20 V

- 周波数…標準周波数（50 Hzまたは60 Hz）に維持

電気事業者は供給する電気の電圧や周波数の値を維持することが決められています。

主任技術者

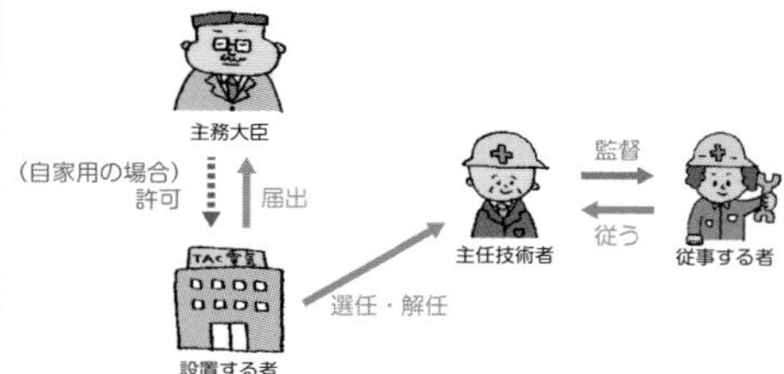

事業用電気工作物を設置する者は，保安の監督をさせるために，主任技術者免状の交付を受けている者のなかから主任技術者を選任する必要があります。

設置者の義務

- 電気工作物を技術基準に適合するよう維持する
- 電気主任技術者を選任する
- 保安規程を定め，届け出る

→保安規程…職務・組織，保安教育，巡視・点検・検査，運転・操作，記録

電気事業者とは別に，デパートなど事業用電気工作物を設置する者は，エレベーターなどの電気工作物が技術基準に適合するよう維持し，主任技術者を選任して，保安規程を届け出ることが義務づけられています。

免状と保安監督できる範囲

第一種	すべての事業用電気工作物
第二種	電圧が17万V未満の事業用電気工作物
第三種	電圧が5万V未満の事業用電気工作物（出力5000kW以上の発電所を除く）

設置者は，電気工作物の種類に応じた主任技術者を選任しなければなりません。左の表のように，第三種電気主任技術者は，電圧５万V未満の事業用電気工作物（出力5000kW以上の発電所を除く）の工事，維持，および運用をすることができます。

Ⅱ 電気設備技術基準

技術基準って?

電技と解釈

電気設備に関する技術基準を定める省令(「電技」)
…電気設備の工事や保守についての技術基準を定めた省令

電気設備の技術基準の解釈(「解釈」)
…「電技」の具体的な内容を定めたもの

電気設備に関する技術基準を定める省令とは，電気事業法をもとに，電気設備の工事や保守についての技術基準を定めた省令です。

電気設備の技術基準の解釈とは，技術的用件を満たすべき内容を具体的にしたものです。

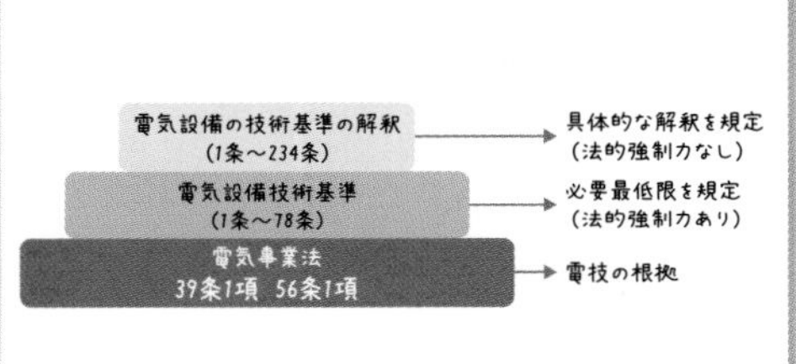

電技と解釈の関係は左のとおりです。

おもな用語の定義(1)

電路…通常の使用状態で電気が通じているところ

電気機械器具…電路を構成する機械器具

発電所…電気を発生させる所

変電所…構外から伝送される電気を変成する所であって，構外に伝送するもの

「電技」や「解釈」では，用いられる用語の定義を理解することが重要です。

おもな用語の定義（2）

電気使用場所…電気を使用するための電気設備を施設した場所

需要場所…電気使用場所を含む区域であって，発電所，蓄電所，変電所，開閉所以外のもの

基本的に教科書に出てくる順番は，条文の順番になっています。

おもな用語の定義（3）

電線…強電流電気の伝送に使用する電気導体全般

配線…電気使用場所において施設する電線

具体的には教科書に「解釈」の条文を載せていますので，そちらを覚えるようにしてください。

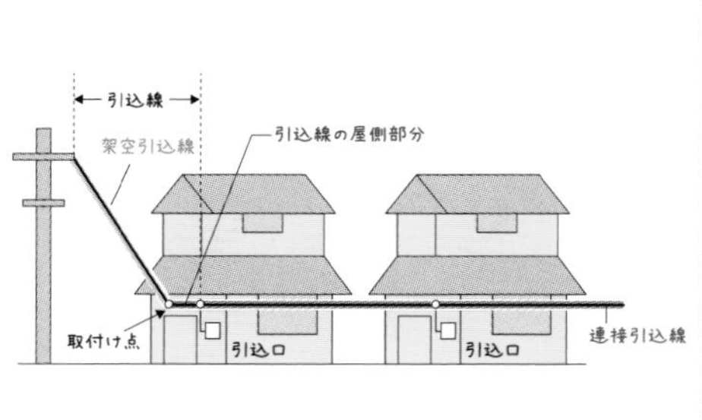

わかりにくいところは実際の使用場所のイメージと関連づけて理解しましょう。

絶縁抵抗と絶縁耐力試験

絶縁…ある2カ所の間で電気抵抗が大きく，電圧をかけても電流が流れない状態

電路は万が一のときの感電を防ぐため，大地から絶縁しなければなりません。そのため電路の場所や特性に応じて，どのくらい絶縁できるかを測定する必要があります。

電圧の種別

	直流	交流
低圧	750 V以下	600 V以下
高圧	7000 V以下	
特別高圧	7000 V超	

電気設備技術基準（「電技」）では電圧を低圧，高圧，特別高圧に区別し，区分に応じた規制が行われています。

低圧電路 → 絶縁抵抗を測定

屋内の配線など電圧の低い電路の絶縁性能は，絶縁抵抗を測定して判断します。

高圧・特別高圧の電路
→絶縁耐力試験

電圧の高い高圧・特別高圧の電路の絶縁性能は絶縁耐力試験を用います。これは，一定の電圧を加えて，絶縁の破壊が起きないかどうかを調べるものです。

接地工事

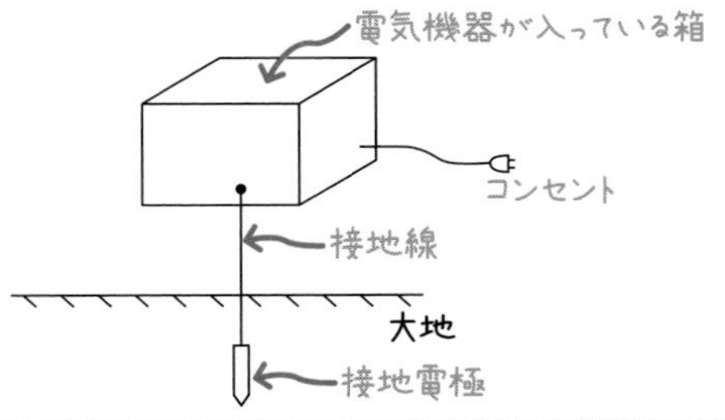

電気機器を導線で大地とつなぐことを接地といいます。落雷や故障などで機器から電気が漏れると感電や火災の危険があります。しかし，接地をしていれば，機器から電気が漏れても，感電や火災を防げます。

接地工事の種類

種類	設置する場所
A種接地工事	高圧・特別高圧機器の鉄台，外箱
B種接地工事	高圧・特別高圧を低圧に変成する変圧器の低圧側
C種接地工事	300Vを超える低圧機器の鉄台，外箱
D種接地工事	300V以下の低圧機器の鉄台，外箱

接地工事には左表のようにA～Dの４種類が定められています。工事の種類に応じて大地に対する電気抵抗（接地抵抗）や接地線の太さなどが定められています。

Ⅲ 電気施設管理

電気施設管理ってなに?

電気施設管理で学習すること

- 需要率
- 負荷率
- 不等率
- 力率の改善

電気設備を運転する際に，その設備の機能を十分に発揮できるように管理することが電気施設管理です。ここではおもに左の4つが重要です。

需要率

$$需要率=\frac{最大需要電力\ [kW]}{負荷設備容量の合計\ [kW]}\times 100\ [\%]$$

電気設備のすべてを一度に使うことはおそらくないでしょう。そのため，必要とする電力の最大値（最大需要電力）は設備の容量の合計よりも小さくなります。負荷設備の容量の合計に占める最大需要電力の割合を需要率といいます。

負荷率

$$負荷率=\frac{平均需要電力\ [kW]}{最大需要電力\ [kW]}\times 100\ [\%]$$

電力の消費は昼と夜，夏と冬など時間帯や季節によって変化します。時間や季節によって変動する需要電力の平均値が平均需要電力，最大値が最大需要電力です。負荷率は平均需要電力を最大需要電力で割った値です。

不等率

$$\text{不等率}=\frac{\text{各需要家の最大需要電力の合計 [kW]}}{\text{合成最大需要電力 [kW]}}$$

複数の需要家（電気を使う人・ビル・工場）がある場合に，各需要家の需要電力を足したものを合成需要電力といい，その最大値を合成最大需要電力といいます。１台の変圧器で複数の需要家に電力を供給する場合，合成最大需要電力は各需要家の最大需要電力の合計よりも小さくなります。各需要家の最大需要電力の合計を合成最大需要電力で割った値が不等率です。

遅れ力率

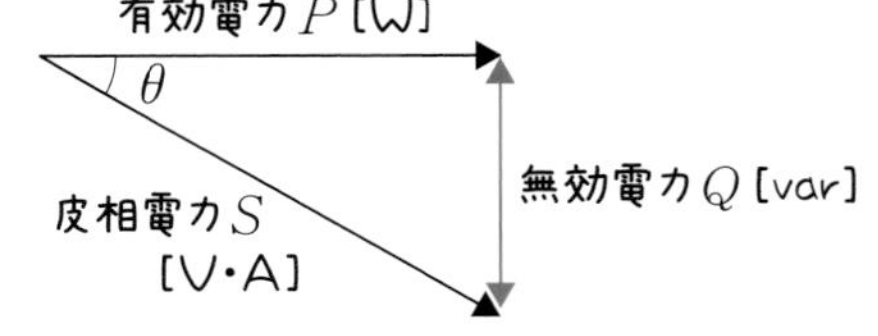

力率とは有効電力と皮相電力の比のことです。電力の需要は電動機や蛍光灯などの誘導性負荷が多いため，遅れ力率となりやすいです。各電力は左図のように直角三角形で示すことができます。

力率の改善

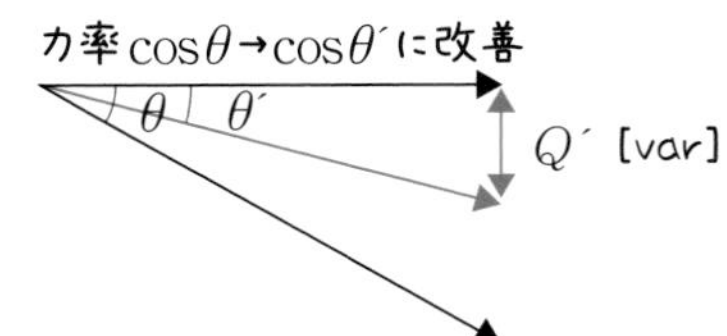

左図のように，$\cos\theta$を$\cos\theta'$のように角度を少なくし，$\cos\theta$を１に近づければロス（無効電力）がなくなります。これを力率の改善といいます。

「法規」試験問題にチャレンジ

電気事業法の目的

次の文章は，「電気事業法」の目的についての記述である。

この法律は，電気事業の運営を適正かつ合理的ならしめることによって，電気の使用者の利益を保護し，及び電気事業の健全な発達を図るとともに，電気工作物の工事，維持及び運用を (ア) することによって， (イ) の安全を確保し，及び (ウ) の保全を図ることを目的とする。

上記の記述中の空白箇所 (ア) ， (イ) 及び (ウ) に当てはまる語句として，正しいものを組み合わせたのは次のうちどれか。

	(ア)	(イ)	(ウ)
(1)	規　定	公　共	電気工作物
(2)	規　制	電　気	電気工作物
(3)	規　制	公　共	環　境
(4)	規　定	電　気	電気工作物
(5)	規　定	電　気	環　境

H21-A1

解説

電気事業法では第１条で「この法律は，電気事業の運営を適正かつ合理的ならしめることによって，電気の使用者の利益を保護し，及び電気事業の健全な発達を図るとともに，電気工作物の工事，維持及び運用を(ア)**規制**することによって，(イ)**公共**の安全を確保し，及び(ウ)**環境**の保全を図ることを目的とする。」と定められています。

答… (3)

維持すべき電圧

次の文章は，「電気事業法」及び「電気事業法施行規則」に基づく電圧に関する記述である。

一般送配電事業者は，その供給する電気の電圧の値をその電気を供給する場所において，下表の右欄の値に維持するように努めなければならない。

標準電圧	維持すべき値
100 V	(ア) Vの上下 (イ) Vを超えない値
200 V	(ウ) Vの上下20 Vを超えない値

上記の記述中の空白箇所(ア)，(イ)及び(ウ)に記入する数値として，正しいものを組み合わせたのは次のうちどれか。

	(ア)	(イ)	(ウ)
(1)	100	4	200
(2)	100	5	200
(3)	101	5	202
(4)	101	6	202
(5)	102	6	204

H15-A1（一部改題）

解説

経済産業省令で定める電圧の値は，その電気を供給する場所において，標準電圧100 Vでは(ア)101 Vの上下(イ)6 Vを超えない値，標準電圧200 Vでは(ウ)202 Vの上下20 Vを超えない値とする。

よって，(4)が正解。

答… (4)

需要率・不等率・負荷率

配電系統及び需要家設備における供給設備と負荷設備との関係を表す係数として，需要率，不等率，負荷率があり，

① $\dfrac{\text{最大需要電力}}{\boxed{\quad(\text{ア})\quad}}$を需要率

② $\dfrac{\text{各需要家ごとの最大需要電力の総和}}{\text{全需要家を総括したときの}\boxed{\quad(\text{イ})\quad}}$を不等率

③ ある期間中における負荷の$\dfrac{\boxed{\quad(\text{ウ})\quad}}{\text{最大需要電力}}$を負荷率　　という。

上記の記述中の空白箇所(ア)，(イ)及び(ウ)に当てはまる語句として，正しいものを組み合わせたのは次のうちどれか。

	(ア)	(イ)	(ウ)
(1)	総負荷設備容量	合成最大需要電力	平均需要電力
(2)	合成最大需要電力	平均需要電力	総負荷設備容量
(3)	平均需要電力	総負荷設備容量	合成最大需要電力
(4)	総負荷設備容量	平均需要電力	合成最大需要電力
(5)	変圧器設備容量	総負荷設備容量	平均需要電力

H18-A10

解説

$$\text{需要率} = \frac{\text{最大需要電力[kW]}}{(\text{ア})\textbf{総負荷設備容量}\text{[kW]}} \times 100[\%]$$

$$\text{不等率} = \frac{\text{各需要家ごとの最大需要電力の総和[kW]}}{\text{全需要家を総括したときの}(\text{イ})\textbf{合成最大需要電力}\text{[kW]}}$$

$$\text{負荷率} = \text{ある期間中における負荷の}\frac{(\text{ウ})\textbf{平均需要電力}\text{[kW]}}{\text{最大需要電力[kW]}} \times 100[\%]$$

よって，(1)が正解。

答…　(1)

電験でよく使われるギリシャ文字とその用途

大文字	小文字	読み方	おもな用途
A	α	アルファ	角度，加速度，係数
B	β	ベータ	角度，係数
Γ	γ	ガンマ	角度
Δ	δ	デルタ	角度，変圧器の結線，誘電損
E	ε	イプシロン	誘電率，ネイピアの数
Z	ζ	ジータ	減衰係数（自動制御）
H	η	イータ	効率
Θ	θ	シータ	角度，位相
I	ι	イオタ	
K	κ	カッパ	
Λ	λ	ラムダ	波長
M	μ	ミュー	透磁率，接頭辞のマイクロ（10^{-6}）
N	ν	ニュー	振動数
Ξ	ξ	クサイ	
O	o	オミクロン	
Π	π	パイ	円周率
P	ρ	ロー	抵抗率，反射率，密度
Σ	σ	シグマ	誘電率
T	τ	タウ	透過率，時定数
Y	υ	ユプシロン	
Φ	ϕ	ファイ	角度，磁束
X	χ	カイ	
Ψ	ψ	プサイ	角度，磁束
Ω	ω	オメガ	角速度，立体角

第 3 部

電験のための数学編

SECTION 01

分数の計算

このSECTIONで学習すること

1 分数の四則計算

・分数の足し算
・分数の引き算
・分数の掛け算
・分数の割り算

2 繁分数の計算

・繁分数の計算

3 比の計算

・比の値
・比の計算

1 分数の四則計算

通分と約分を押さえよう！

電験の学習では，分数の計算がつまずきの大きな原因となることがあります。基本例題を通して，四則計算を確認しましょう。

I 分数の足し算

分数の足し算において，分母がそろっていないときは，分母をそろえて（通分して）から計算します。

基本例題　分数の足し算

以下の計算をしなさい。

(1) $\dfrac{2}{5}+\dfrac{1}{5}$　　(2) $\dfrac{1}{4}+\dfrac{1}{2}$

解答

分母が同じ数のときは，分子のみを足し算する

(1) $\dfrac{2}{5}+\dfrac{1}{5}=\dfrac{3}{5}$…答

分母が同じになるように分子，分母に2を掛ける

(2) $\dfrac{1}{4}+\dfrac{1}{2}=\dfrac{1}{4}+\dfrac{1\times2}{2\times2}=\dfrac{1}{4}+\dfrac{2}{4}=\dfrac{3}{4}$…答

ひとこと

$\dfrac{1}{4}+\dfrac{1}{2}$が$\dfrac{2}{6}$とはなりません。分母はそろえるだけでいいので，足し算は分子だけします。

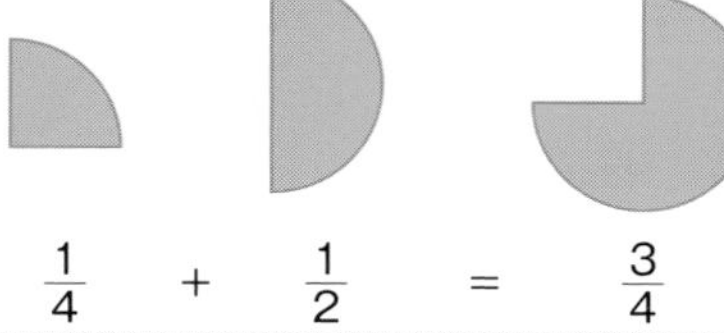

II 分数の引き算

分数の引き算においても，分母がそろっていないときは，通分してから計算します。

基本例題 分数の引き算

以下の計算をしなさい。

(1) $\frac{5}{6}-\frac{3}{6}$　　(2) $\frac{2}{3}-\frac{1}{5}$

解答

(1) $\frac{5}{6}-\frac{3}{6}=\frac{2}{6}=\frac{1}{3}$…答

(2) $\frac{2}{3}-\frac{1}{5}=\frac{2\times 5}{3\times 5}-\frac{1\times 3}{5\times 3}=\frac{10}{15}-\frac{3}{15}=\frac{7}{15}$…答

分母がそろうように計算する

III 分数の掛け算

分数の掛け算は，分母どうし，分子どうしを掛け算して計算します。約分できる場合は，計算の途中で行うと効率的です。

基本例題 分数の掛け算

以下の計算をしなさい。

(1) $\frac{2}{5}\times\frac{1}{10}$　　(2) $\frac{2}{5}\times 10$

解答

(1) $\frac{2}{5}\times\frac{1}{10}=\frac{\cancel{2}}{5}\times\frac{1}{\cancel{10}_{5}}=\frac{1}{5}\times\frac{1}{5}=\frac{1}{25}$…答

(2) $\frac{2}{5}\times 10=\frac{2}{\cancel{5}}\times\frac{\cancel{10}^{2}}{1}=\frac{2}{1}\times\frac{2}{1}=4$…答

Ⅳ 分数の割り算

分数の割り算は，割る数の分母と分子をひっくり返してから，掛け算をして計算します。

基本例題 分数の割り算

以下の計算をしなさい。

(1) $\frac{2}{5}\div\frac{1}{5}$　　(2) $\frac{2}{5}\div 5$

解答

分母と分子をひっくり返す

(1) $\frac{2}{5}\div\frac{1}{5}=\frac{2}{5}\times\frac{5}{1}=2$…答

(2) $\frac{2}{5}\div 5=\frac{2}{5}\times\frac{1}{5}=\frac{2}{25}$…答

ひとこと

なぜ分数の割り算は，割る数の分母と分子をひっくり返してから，掛け算すると計算できるのでしょうか？

$$\frac{2}{5}\div\frac{1}{5}=\frac{\frac{2}{5}}{\frac{1}{5}}$$

割り算を分数の形で表現

$$=\frac{\frac{2}{5}\times\frac{5}{1}}{\frac{1}{5}\times\frac{5}{1}}$$

分母・分子に同じ数を掛けても等しい

$$=\frac{\frac{2}{5}\times\frac{5}{1}}{1}$$

分母は1になったが，分子の掛け算は残る

$$=\frac{2}{5}\times\frac{5}{1}$$

2 繁分数の計算

分母・分子に分数がある分数

繁分数（はんぶんすう）とは，分数の分母や分子に，さらに分数がある分数をいいます。繁分数の計算では，なるべく分母が消えるように，分母と分子に同じ数を掛けて計算します。

繁分数の計算で，分母または分子に長い式がある場合は，それを先に計算します。

基本例題　繁分数の計算

以下の計算をしなさい。

(1) $\dfrac{\dfrac{5}{7}}{\dfrac{2}{3}}$　　(2) $\dfrac{1}{\dfrac{1}{2}+\dfrac{1}{3}+\dfrac{1}{4}}$

解答

(1) $\dfrac{\dfrac{5}{7}}{\dfrac{2}{3}}=\dfrac{\dfrac{5}{7}\times\dfrac{3}{2}}{\dfrac{2}{3}\times\dfrac{3}{2}}=\dfrac{5}{7}\times\dfrac{3}{2}=\dfrac{15}{14}$…答

分母が1になるような数を分母と分子に掛ける

(2) $\dfrac{1}{\dfrac{1}{2}+\dfrac{1}{3}+\dfrac{1}{4}}=\dfrac{1}{\dfrac{1\times6}{2\times6}+\dfrac{1\times4}{3\times4}+\dfrac{1\times3}{4\times3}}=\dfrac{1}{\dfrac{6}{12}+\dfrac{4}{12}+\dfrac{3}{12}}=\dfrac{1}{\dfrac{13}{12}}$

通分する

まず，分母を足し算する

$=\dfrac{1\times\dfrac{12}{13}}{\dfrac{13}{12}\times\dfrac{12}{13}}=1\times\dfrac{12}{13}=\dfrac{12}{13}$…答

分母が1になるように$\dfrac{12}{13}$を掛けている

3 比の計算

比と分数の関係をおさえよう！

電験では，比の計算をよく使います。分数を比に直したり，比を分数に直したりできるようにしましょう。

I 比の値

$a:b$の**比の値**は，$a \div b$で求められます。つまり$\dfrac{a}{b}$です。2：1の比の値は，2が1の何倍であるかを表しています。「：」は「対（たい）」と読み，2：1は「二対一（にたいいち）」と読みます。また，2や1を**比の項（こう）**といいます。

基本例題 比の値

以下の比の値を求めなさい。

(1) 3：4　　(2) 6：8

(3) $\dfrac{1}{2}:\dfrac{5}{7}$

解答

(1) 3：4の比の値は，$3 \div 4 = \dfrac{3}{4}$…答

(2) 6：8の比の値は，$6 \div 8 = \dfrac{6}{8} = \dfrac{3}{4}$…答

(3) $\dfrac{1}{2}:\dfrac{5}{7}$の比の値は，$\dfrac{1}{2} \div \dfrac{5}{7} = \dfrac{1}{2} \times \dfrac{7}{5} = \dfrac{7}{10}$…答

Ⅱ 比の計算

比の計算は，内項の積＝外項の積で解くことができます。

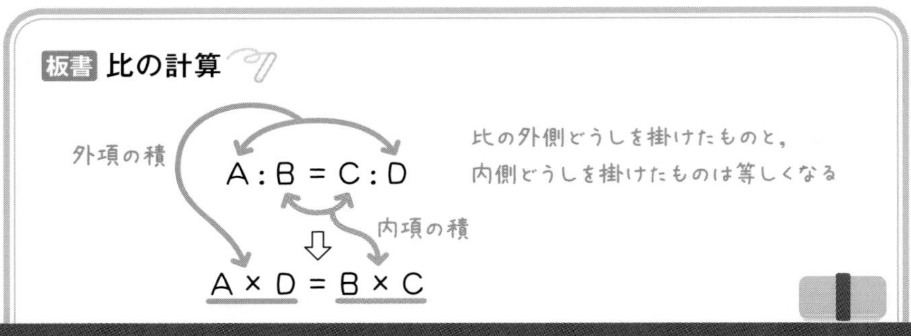

連比（れんぴ）とは，A：B：Cのように，3つ以上の項がある比をいいます。

板書 連比

$$A : B : C = D : E : F$$

⇩ 連比は，一部の関係を取り出すことができる

$$A : B = D : E$$

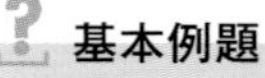

基本例題 比の計算

以下のxおよびsを求めなさい。

(1) $x : 3 = 4 : 9$

(2) $700 : 35 : 665 = 1 : s : (1 - s)$

解答

(1) $x : 3 = 4 : 9$

$x \times 9 = 3 \times 4$

$9x = 12$ ← 左辺で外項の積，右辺で内項の積を計算する

$x=\dfrac{12}{9}=\dfrac{4}{3}$…**答**

(2) $700:35:665=1:s:(1-s)$ より，波線部を取り出す。

$700:35=1:s$

$700s=35$ ← 左辺で外項の積，右辺で内項の積を計算する

$s=\dfrac{35}{700}=\dfrac{1}{20}=0.05$…**答**

SECTION 02

平方根と指数

このSECTIONで学習すること

1 平方根

- 平方根とは
- 平方根の掛け算・割り算
- 平方根の足し算・引き算
- 有理化

2 指数の使い方

- 指数とは
- 負の指数

3 累乗の計算

- 累乗の掛け算
- 累乗の割り算
- 累乗の累乗
- 指数の分配法則
- ゼロ乗の計算
- 注意すべき計算

4 分数·小数の指数

- 分数・小数の指数

5 単位

- 単位の換算

1 平方根

3を2回掛けたら9になる！

Ⅰ 平方根とは

2乗する（2つ同じ数を掛け算する）とaになる数を **aの平方根**といいます。aの平方根には正の平方根$\sqrt{a}$と負の平方根$-\sqrt{a}$があります。$\sqrt{\ }$を**根号**（こんごう）といい，**ルート**と読みます。

板書 平方根

平方根…同じ数を2回掛け算してaになる数

たとえば…

$\sqrt{25}=\sqrt{5\times5}=(\sqrt{5})^2=5$

↑25は5を2回掛けたものなので，$\sqrt{\ }$を外して5になる

ひとこと

0の平方根は0だけです。

基本例題 平方根

以下の計算をしなさい。

(1) $\sqrt{4}$　　(2) $\sqrt{9}$

(3) $(\sqrt{4})^2$　　(4) $(\sqrt{9})^2$

解答

(1) $\sqrt{4}=\sqrt{2\times2}=2$…答

(2) $\sqrt{9}=\sqrt{3\times3}=3$…答

(3) $(\sqrt{4})^2=4$…答

(4) $(\sqrt{9})^2=9$…答

板書 覚えておくと便利な平方根の値

覚え方

☆$\sqrt{2} \fallingdotseq 1.414$ （一夜一夜）

☆$\sqrt{3} \fallingdotseq 1.732$ （人並みに）

☆$\sqrt{5} \fallingdotseq 2.236$ （富士山麓）

Ⅱ 平方根の掛け算・割り算

平方根の掛け算や割り算は，1つの平方根として表すことができます。

また，$\sqrt{\ }$のなかに2乗した数が入っているときは，$\sqrt{\ }$の外に出すことができます。

板書 平方根の掛け算・割り算

$(\sqrt{a})^2 = \sqrt{a^2} = a$

$\sqrt{a^2 \times b} = a\sqrt{b}$

↑2乗した数が入っているときは$\sqrt{\ }$を外したり，外へ出したりできる

$\sqrt{a \times b} = \sqrt{a} \times \sqrt{b}$

$\sqrt{\dfrac{a}{b}} = \dfrac{\sqrt{a}}{\sqrt{b}}$

↑$\sqrt{\ }$のなかにある数はそのまま掛けたり割ったりすることができる

基本例題　平方根の掛け算・割り算

以下の計算をしなさい。

(1) $\sqrt{2}\times\sqrt{3}$　　(2) $\sqrt{6}\div\sqrt{3}$

(3) $\sqrt{8}$　　(4) $\sqrt{0.08}$

解答

(1) $\sqrt{2}\times\sqrt{3}=\sqrt{2\times 3}=\sqrt{6}$…答

(2) $\sqrt{6}\div\sqrt{3}=\dfrac{\sqrt{6}}{\sqrt{3}}=\sqrt{\dfrac{6}{3}}=\sqrt{2}$…答

(3) $\sqrt{8}=\sqrt{4\times 2}=\sqrt{2^2\times 2}=2\sqrt{2}$…答

(4) $\sqrt{0.08}=\sqrt{\dfrac{8}{100}}=\sqrt{\dfrac{2}{25}}=\sqrt{\dfrac{2}{5^2}}=\dfrac{\sqrt{2}}{\sqrt{5^2}}=\dfrac{\sqrt{2}}{5}$…答

ひとこと

たとえば$\sqrt{180}$について，$\sqrt{\ }$のなかの数を外に出して簡単にしたいときには，素因数分解（そいんすうぶんかい）という考え方が便利です。素因数とは自然数を素数だけの積になるまで分解することをいいます。$\sqrt{\ }$のなかの180は$180=2^2\times 3^2\times 5$と表すことができます。

$$\sqrt{180}=\sqrt{2^2\times 3^2\times 5}=6\sqrt{5}$$

Ⅲ 平方根の足し算・引き算

同じ数の平方根の足し算や引き算は，まとめて計算することができます。

板書 平方根の足し算・引き算

$m\sqrt{a}+n\sqrt{a}=(m+n)\sqrt{a}$

$m\sqrt{a}-n\sqrt{a}=(m-n)\sqrt{a}$

↑ $\sqrt{\ }$のなかにある数が同じ場合，まとめることができる

基本例題 平方根の足し算・引き算

以下の計算をしなさい。

(1) $2\sqrt{2}+3\sqrt{2}$　　(2) $5\sqrt{2}-3\sqrt{2}$

解答

(1) $2\sqrt{2}+3\sqrt{2}=(2+3)\sqrt{2}=5\sqrt{2}$…答

(2) $5\sqrt{2}-3\sqrt{2}=(5-3)\sqrt{2}=2\sqrt{2}$…答

ひとこと

たとえば，$2\sqrt{2}+3\sqrt{3}$のように$\sqrt{}$のなかにある数が異なる場合，これ以上まとめて計算できません。

Ⅳ 有理化

分母に平方根が含まれているとき，分母が整数となるように式を変形することを，**分母を有理化(ゆうりか)する**といいます。

板書 有理化

$$\frac{1}{\sqrt{a}}\times\frac{\sqrt{a}}{\sqrt{a}}=\frac{\sqrt{a}}{a}$$

分母が整数になるような数を分母と分子に掛ける

基本例題 有理化

以下の計算をしなさい。

(1) $\frac{1}{\sqrt{2}}$　　(2) $\sqrt{0.02}$

解答

(1) $\dfrac{1}{\sqrt{2}}=\dfrac{1\times\sqrt{2}}{\sqrt{2}\times\sqrt{2}}=\dfrac{\sqrt{2}}{\sqrt{2^2}}=\dfrac{\sqrt{2}}{2}$ …答

↑分母と分子に同じ数を掛ける

(2) $\sqrt{0.02}=\sqrt{\dfrac{2}{100}}=\dfrac{\sqrt{2}}{\sqrt{10^2}}=\dfrac{\sqrt{2}}{10}$ …答

ひとこと

$\dfrac{1}{\sqrt{a}+\sqrt{b}}$ の分母を有理化するには

中学校で習う乗法公式 $(a+b)(a-b)=a^2-b^2$ を使います（詳しくはSEC05二次方程式で学習します）。

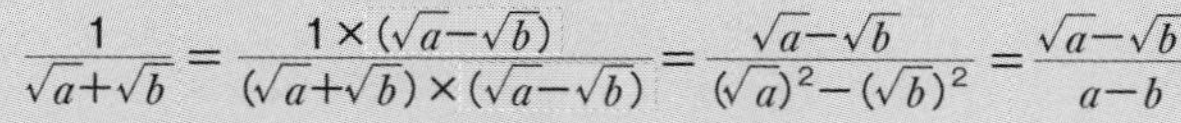

$$\frac{1}{\sqrt{a}+\sqrt{b}}=\frac{1\times(\sqrt{a}-\sqrt{b})}{(\sqrt{a}+\sqrt{b})\times(\sqrt{a}-\sqrt{b})}=\frac{\sqrt{a}-\sqrt{b}}{(\sqrt{a})^2-(\sqrt{b})^2}=\frac{\sqrt{a}-\sqrt{b}}{a-b}$$

分母と分子に $\sqrt{a}-\sqrt{b}$ を掛けることで分母を整数にすることができます。

2 指数の使い方

同じ数を何回掛けた？

I 指数とは

ある数aをn個掛けた数をa^nと書き，nのことを指数（しすう）といいます。また，このように同じ数を繰り返し掛け算することを累乗（るいじょう）（べき乗）といい，a^nは「aのn乗」と読みます。

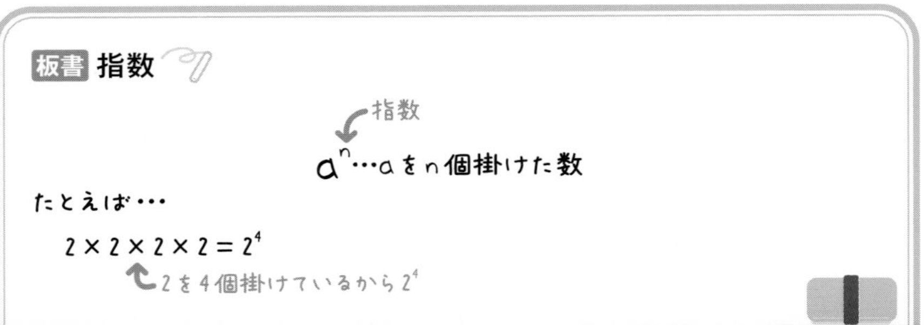

基本例題 指数

以下の空欄のなかに指数を書き入れなさい。

(1) $2\times2\times2\times2=2^{\square}$　　(2) $100=10^{\square}$

解答

(1) $2\times2\times2\times2=2^4$…答

(2) $100=10\times10=10^2$…答

II 負の指数

指数がマイナスのときは逆数（分子と分母を入れ替えた数）を表します。a^{-n}は$\frac{1}{a^n}$となります。指数の計算では，累乗する数が小数の場合は分数に直してから計算します。

基本例題 負の指数

以下の空欄のなかに指数を書き入れなさい。

0.01＝10□

解答

$$0.01=\frac{1}{100}=\frac{1}{10\times10}=\frac{1}{10^2}=10^{-2}$$…答

板書 正の指数と負の指数

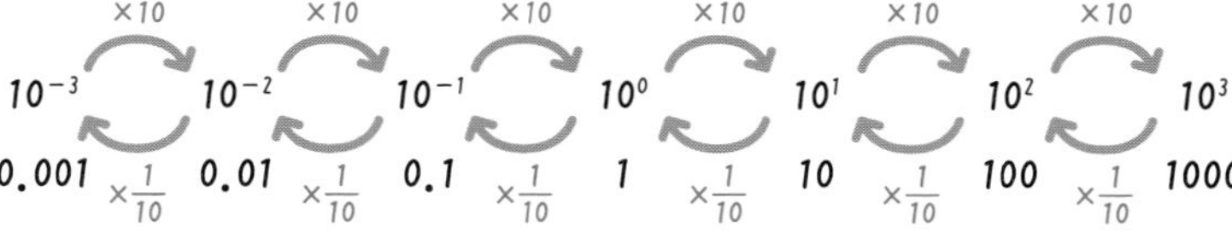

ひとこと

なぜ，$a^{-n}=\dfrac{1}{a^n}$が成り立つのでしょうか？

$$\cdots\quad a^{-3},\quad a^{-2},\quad a^{-1},\quad a^{0},\quad a^{1},\quad a^{2},\quad \cdots$$

（右へ：$\times a$　$\times a$　$\times a$　$\times a$　$\times a$）

（左へ：$\times\dfrac{1}{a}$　$\times\dfrac{1}{a}$　$\times\dfrac{1}{a}$　$\times\dfrac{1}{a}$　$\times\dfrac{1}{a}$）

となるので，それぞれを式で表すと

$$a^0=a^1\times\frac{1}{a}=1$$

$$a^{-1}=a^0\times\frac{1}{a}=1\times\frac{1}{a}=\frac{1}{a}$$

$$a^{-2}=a^{-1}\times\frac{1}{a}=\frac{1}{a}\times\frac{1}{a}=\frac{1}{a^2}$$

$$a^{-3}=a^{-2}\times\frac{1}{a}=\frac{1}{a^2}\times\frac{1}{a}=\frac{1}{a^3}$$

ゆえに，nを正の整数とすると

$a^{-n}=\dfrac{1}{a^n}$と表せます。

3 累乗の計算

指数の足し算・引き算で計算できる！

Ⅰ 累乗の掛け算

累乗の掛け算は，$a^m \times a^n = a^{m+n}$ と計算することができます。

基本例題 累乗の掛け算

以下の計算をしなさい。

$2^2 \times 2^3 = 2^{\square}$

解答

$2^2 \times 2^3 = 2^{2+3} = 2^5$…答

なぜ，$a^m \times a^n = a^{m+n}$ が成り立つのでしょうか？

$a^2 \times a^3$
$= (a \times a) \times (a \times a \times a)$ ← 累乗を展開する
$= a^{2+3}$
$= a^5$

Ⅱ 累乗の割り算

累乗の割り算は，$a^m \div a^n = a^{m-n}$ と計算することができます。

基本例題 累乗の割り算

以下の計算をしなさい。

$3^5 \div 3^2 = 3^{\square}$

解答

$3^5 \div 3^2 = 3^{5-2} = 3^3$…答

ひとこと

なぜ，$a^m \div a^n = a^{m-n}$ が成り立つのでしょうか？

$a^4 \div a^2$
$=(a\times a\times a\times a)\div(a\times a)$ ← 累乗を展開する
$=(a\times a\times a\times a)\times\dfrac{1}{(a\times a)}$ ← 逆数にして割り算を掛け算に直す
$=a^4\times a^{-2}$
$=a^{4-2}=a^2$

III 累乗の累乗

$(a^m)^n$ のような「累乗の累乗」は $(a^m)^n = a^{m\times n}$ と計算することができます。累乗の掛け算では指数どうしを足して計算しましたが，「累乗の累乗」では指数どうしを掛けて計算します。

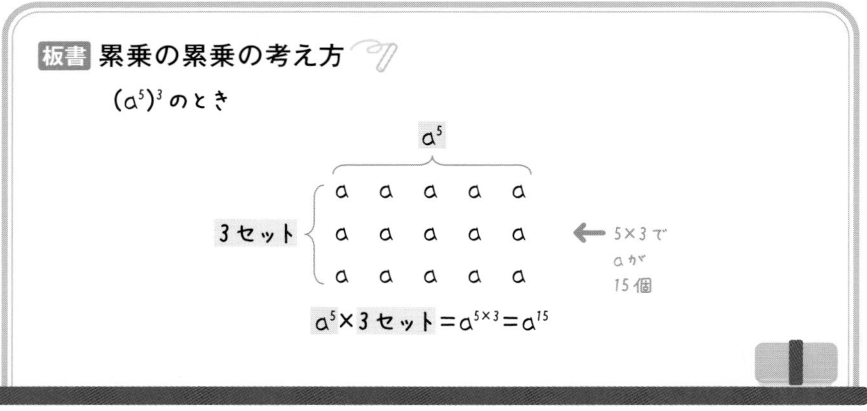

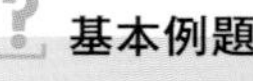

基本例題 累乗の累乗

以下の計算をしなさい。

$(2^3)^2 = 2^{\square}$

解答

$(2^3)^2 = 2^{3 \times 2} = 2^6$…答

Ⅳ 指数の分配法則

分配法則とは，かっこの外に掛けられている（割られている）数もしくは指数を，かっこのなかに分配することです。

$(ab)^m$ は分配法則を用いて $(ab)^m = a^m b^m$ と計算することができます。もしくは，かっこのなかを先に計算してからその結果を m 乗することもできます。

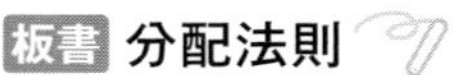

板書 分配法則

$a(b+c) = ab + ac$

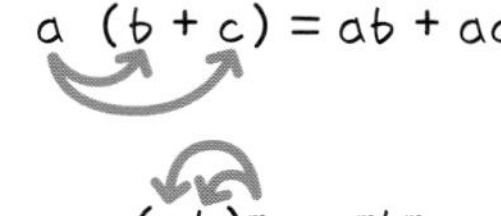

数や指数をそれぞれ掛ける →

$(ab)^m = a^m b^m$

基本例題 指数の分配法則

以下の計算をしなさい。

$(3 \times 2)^2$

解答

$(3 \times 2)^2 = 3^2 \times 2^2 = 36$…答

もしくは，

$(3 \times 2)^2 = (6)^2 = 36$…答

V ゼロ乗の計算

ゼロ乗の計算結果は，0^0を除き，すべて1になります。

基本例題 ゼロ乗の計算

以下の計算をしなさい。

5^0

解答

$5^0 = 1$ …答

ひとこと

なぜ，ある数のゼロ乗は1になるのでしょうか？

$2^0 = 2^{(2-2)}$ ← 0を仮に2-2と考え，指数の公式を使って分解する

$= 2^2 \times 2^{-2}$ ← 指数がマイナスなので分母へ移動する

$= \dfrac{2^2}{2^2}$ ← 分母・分子の値が同じなので約分する

$= 1$

VI 注意すべき計算

累乗の計算のうち，似た形で特に間違えやすい計算を紹介します。

基本例題 累乗の計算

以下の計算をしなさい。

(1) $(-3)^2$　　(2) -3^2

(3) $(-3)^3$　　(4) $3 \times (-2)^2$

解答

(1) $(-3)^2$

$= (-3) \times (-3)$ ← (−3) の2乗

$= 9$ …答

(2)　-3^2 ⟵ 3の2乗にマイナスがついているのであって，(−3)の2乗ではないことに注意

$= -(3 \times 3)$ ⟵ 3の2乗にマイナスの符号をつける。(1) との違いに注意

$= -9$…答 ⟵ 答えは必ずマイナスになる

(3)　$(-3)^3$ ⟵ (−a) の偶数乗はプラスに，奇数乗はマイナスになる

$= (-3) \times (-3) \times (-3)$

$= -27$…答

(4)　$3 \times (-2)^2$

$= 3 \times (-2) \times (-2)$ ⟵ 数×累乗は，先に累乗を計算する

$= 3 \times 4$

$= 12$…答

4 分数・小数の指数

指数が分数になると√が出てくる！

ここまで整数の指数を学びましたが，指数には分数や小数もあります。指数が分数である累乗は累乗根で表すことができ，aを$\frac{m}{n}$乗した数を，$a^{\frac{m}{n}}$や$\sqrt[n]{a^m}$と表します。

また，指数が小数の場合は，分数に直してから計算します。

板書 分数・小数の指数

$$a^{\frac{m}{n}} = \sqrt[n]{a^m}$$

↑小数は分数に直す

基本例題 分数・小数の指数

累乗は累乗根の形に，累乗根は累乗の形に直しなさい。

(1) $2^{\frac{1}{2}}$　　(2) $3^{-\frac{1}{2}}$

(3) $\sqrt[3]{5^2}$　　(4) $4^{0.3}$

解答

(1) $2^{\frac{1}{2}} = \sqrt{2}$ …答

(2) $3^{-\frac{1}{2}} = \dfrac{1}{3^{\frac{1}{2}}} = \dfrac{1}{\sqrt{3}}$ …答

(3) $\sqrt[3]{5^2} = 5^{\frac{2}{3}}$ …答

(4) $4^{0.3} = (2^2)^{0.3} = 2^{2\times 0.3} = 2^{0.6}$

$= 2^{\frac{3}{5}} = \sqrt[5]{2^3}$ …答

ひとこと

なぜ，$a^{\frac{m}{n}}$は$\sqrt[n]{a^m}$になるのでしょうか？

まず，指数が分数である累乗が累乗根になる理由について考えましょう。

$a=a^{\frac{1}{2}+\frac{1}{2}}$ ← 指数1を$\frac{1}{2}+\frac{1}{2}$に分ける

$=a^{\frac{1}{2}}\times a^{\frac{1}{2}}$ ← 指数の公式より，累乗の掛け算の形に分解する

よって，$a^{\frac{1}{2}}=\sqrt{a}$ ← 2回掛けるとaになるという性質が同じため

この前提のもとで，$a^{\frac{m}{n}}$について考えましょう。

$a^{\frac{3}{2}}=a^{\frac{1}{2}}\times a^{\frac{1}{2}}\times a^{\frac{1}{2}}$

$=\sqrt{a}\times\sqrt{a}\times\sqrt{a}$

$=\sqrt[2]{a^3}$ ← $\sqrt[2]{\ }$の2は通常省略し，$\sqrt{a^3}$と書く

よって，$a^{\frac{m}{n}}=\sqrt[n]{a^m}$

3と**4**をまとめると次のとおりです。

公式 指数の計算

累乗の掛け算 … $a^m\times a^n=a^{m+n}$
← 指数を足し算する

累乗の割り算 … $a^m\div a^n=a^{m-n}$
← 指数を引き算する

累乗の累乗 … $(a^m)^n=a^{m\times n}$
← 指数を掛け算する

ゼロ乗 … $a^0=1$
← 0の0乗以外はすべて1になる

分数や小数 … $a^{\frac{m}{n}}=\sqrt[n]{a^m}$
← aを$\frac{m}{n}$乗する

5 単位

よく使う単位を覚えておこう！

I 単位の換算

kW（キロワット）やmm（ミリメートル）のような日常的に耳にする単位のk（キロ）やm（ミリ）は，10の累乗を記号で表したもので，接頭辞（せっとうじ）といいます。よく使う接頭辞は次のとおりです。

板書 おもな接頭辞

記号	名称	数値
T	テラ	10^{12}
G	ギガ	10^{9}
M	メガ	10^{6}
k	キロ	10^{3}
c	センチ	10^{-2}
m	ミリ	10^{-3}
μ	マイクロ	10^{-6}
n	ナノ	10^{-9}
p	ピコ	10^{-12}

※SI接頭辞表より抜粋
（SI：国際単位系）

基本例題　　単位の換算

以下の単位を換算しなさい。

(1)　1 MW＝□W　　(2)　5 F＝□pF

(3)　1 m^2＝□mm^2　　(4)　30 mm/s＝□m/min

解答

(1)　1 MW = 1×10^6 W…答

接頭辞がなにもついていない単位（g〈グラム〉やF〈ファラド〉）の数値に，つけたい接頭辞（k〈キロ〉やp〈ピコ〉）の数値の逆数を掛けると，接頭辞のついた単位に直すことができます。たとえば，1 mをcmに直したいときは，c（センチ）の数値は10^{-2}なので1 mに$\frac{1}{10^{-2}}$を掛けると，1×10^2 cmと直すことができます。

1 m

$=1\ \text{m} \times \frac{10^{-2}}{10^{-2}}$ ←約分すると1なので，数値に影響しない

$=1 \times \frac{1}{10^{-2}} \times 10^{-2}\ \text{m}$ ←10^{-2}をc（センチ）に置き換える

$=1 \times \frac{1}{10^{-2}}\ \text{cm}$ ←簡単に考えるために，普段の計算ではここからはじめる

$=1 \times 10^2\ \text{cm}$

(2)　5 F

$= 5 \times \left(\frac{1}{10^{-12}}\right)$ pF

$= 5 \times 10^{12}$ pF…答

(3)　$1\ \mathrm{m}^2$

$= 1\ \mathrm{m} \times 1\ \mathrm{m}$ ← m²をm×mに分ける

$= \left\{1 \times \left(\dfrac{1}{10^{-3}}\right)\mathrm{mm}\right\} \times \left\{1 \times \left(\dfrac{1}{10^{-3}}\right)\mathrm{mm}\right\}$ ← m(ミリ)の値10^{-3}の逆数を掛ける

$= (1 \times 10^3\ \mathrm{mm}) \times (1 \times 10^3\ \mathrm{mm})$

$= 1 \times 10^6\ \mathrm{mm}^2$ …答

ひとこと

m^2（平方メートル）やm^3（立方メートル）のように，累乗されている単位を換算するときは，m×mやm×m×mのように分けてから換算します。

(4)　$30\ \mathrm{mm/s}$

$= 30 \times \dfrac{10^{-3}\ \mathrm{m}}{\mathrm{s}}$ ← mm(ミリメートル)をm(メートル)に直す

$= 30 \times 10^{-3} \times \dfrac{\mathrm{m}}{\dfrac{1}{60}\ \mathrm{min}}$ ← 1s(秒)は$\dfrac{1}{60}$min(分)と直す

$= 30 \times 10^{-3} \times 60\ \dfrac{\mathrm{m}}{\mathrm{min}}$

$= 1800 \times 10^{-3}\ \mathrm{m/min}$

$= 1.8 \times 10^3 \times 10^{-3}\ \mathrm{m/min}$ ← 1800を1.8×10^3に直してすっきりさせる

$= 1.8\ \mathrm{m/min}$ …答

ひとこと

車の時速km/h（キロメートルパーアワー）を秒速m/s（メートルパーセック）に直すときのように，分数で表される単位の分子と分母を両方換算するときは，km/hを$\dfrac{\mathrm{km}}{\mathrm{h}}$と書き換えて直すと簡単です。

SECTION 02 試験問題にチャレンジ

インピーダンス

次の回路のインピーダンスを計算しなさい。

R=5 Ω　X_L=20 Ω　X_C=8 Ω

参考：RLC直列回路の合成インピーダンスの大きさZは，

$$Z=\sqrt{R^2+(X_L-X_C)^2}\,[\Omega]$$

と表されます。

解答

インピーダンスZ[Ω]は

$$Z=\sqrt{5^2+(20-8)^2}=\sqrt{5^2+12^2}$$
$$=\sqrt{169}=\sqrt{13^2}=13\ \Omega$$

答… 13 Ω

水車の比速度

以下の条件の水車発電機の毎分の回転数N[min^{-1}]を求めなさい。

有効落差$H = 81$ m，出力$P = 10$ MW，比速度$N_s = 80$ m・kW

参考：比速度$N_s = N\dfrac{P^{\frac{1}{2}}}{H^{\frac{5}{4}}}$[m・kW]

N：水車の回転数[min^{-1}]，P：出力[kW]，H：有効落差[m]

解答

出力について，与えられている数値の単位が与えられた式の単位と違うため，参考式の単位に換算します。

$$10\ \text{MW} = 10 \times 10^3\ \text{kW} = 10^4\ \text{kW}$$

比速度N_sを求める式を，回転数Nを求める式に変形します。

$$N = N_s\frac{H^{\frac{5}{4}}}{P^{\frac{1}{2}}}[\text{min}^{-1}]$$

変形した式の右辺に条件の数値を代入すると，水車発電機の毎分の回転数N[min^{-1}]は，

$$N = 80 \times \frac{81^{\frac{5}{4}}}{(10^4)^{\frac{1}{2}}} = 80 \times \frac{\sqrt[4]{81^5}}{\sqrt{10^4}}$$

$$= 80 \times \frac{\sqrt[4]{81^4} \times \sqrt[4]{81}}{10^2}$$

$$= 80 \times \frac{81 \times 3}{10^2}$$

$$= 194.4\ \text{min}^{-1}$$

答… 194.4 min^{-1}

SECTION 03

対数

このSECTIONで学習すること

1 対数の使い方

・対数とは

2 対数の計算

・対数計算の公式

3 常用対数

・常用対数とは

1 対数の使い方

何乗すればその値になる？

I 対数とは

対数(たいすう)とは，指数と同じ意味のことを異なる形で表す数で，log(ログ)を使って表します。$\log_a M$は，「aをMにするには何乗すればいいか？」ということを表しています。

板書 対数

aが正の数かつa≠1のとき

$$p = \log_a M \Leftrightarrow a^p = M$$

p：Mの対数　a：底(てい)　M：$\log_a M$の真数

基本例題 対数

以下のxの値を求めなさい。

(1) $x = \log_2 8$　　(2) $2 = \log_4 x$

(3) $x = \log_9 3$　　(4) $x = \log_{0.5} 8$

解答

(1) $x = \log_2 8$

$2^x = 8$ ← 2を何乗したら8になるかを考える（2×2×2=8）

$x = 3$…答

(2) $2 = \log_4 x$

$4^2 = x$

$x = 16$…答

(3) $x = \log_9 3$ ← 3を2乗すると9になる。つまり9を$\frac{1}{2}$乗すると3になる

$9^x = 3$

$x = \frac{1}{2}$…答

(4) $x = \log_{0.5} 8$

$\left(\frac{1}{2}\right)^x = 8$ ← 0.5は$\frac{1}{2}$に直して考える

$2^{-x} = 2^3$ ← 分子と分母を入れ替え（逆数にする），指数にマイナスをつける

$x = -3$…答

ひとこと

① 答えが必ず0になる対数
$\log_a 1 = 0$ ← $a^0 = 1$より
② 答えが必ず1になる対数
$\log_a a = 1$ ← $a^1 = a$より

電験三種の試験で対数を用いた計算は少ないので，必要になったときに見返しましょう。

2 対数の計算

logの四則計算の方法を押さえよう！

I 対数計算の公式

指数の公式から，対数の公式を導くことができます。

公式 対数の計算

① $\log_a MN = \log_a M + \log_a N$

② $\log_a \dfrac{M}{N} = \log_a M - \log_a N$

③ $\log_a M^n = n\log_a M$

④ $\log_a M = \dfrac{\log_b M}{\log_b a}$

基本例題 対数の計算

以下の計算をしなさい。

(1) $\log_2 2 + \log_2 8$ (2) $\log_2 96 - \log_2 3$

(3) $\log_3 9^8$ (4) $\log_9 27$

解答

(1) $\log_2 2 + \log_2 8$

$= \log_2 16 = \log_2 2^4 = 4$…答

(2) $\log_2 96 - \log_2 3$

$= \log_2 \dfrac{96}{3} = \log_2 32 = \log_2 2^5 = 5$…答

(3) $\log_3 9^8$

$= 8\log_3 9 = 8 \times 2 = 16$…答

ひとこと

対数計算の公式（①②③）の導き方

$\log_a M = m$，$\log_a N = n$ とおくと，公式 $p = \log_a M \Leftrightarrow a^p = M$ より，
$m = \log_a M \Leftrightarrow a^m = M$
$n = \log_a N \Leftrightarrow a^n = N$
と表すことができる。
たとえば
①$\log_a MN$
$= \log_a (a^m a^n)$ ← 累乗の掛け算の公式を用いて指数をまとめる
$= \log_a a^{m+n}$ ← a を a^{m+n} にするには何乗すればよいか？
$= m + n$
$= \log_a M + \log_a N$
と導き出すことができる。
②③も同様に導き出す。

(4) $\log_9 27$

$$= \frac{\log_3 27}{\log_3 9} = \frac{\log_3 3^3}{\log_3 3^2} = \frac{3}{2} \cdots \text{答}$$

ひとこと

対数計算の公式（④）の導き方

$\log_a M = x$ とおくと，公式 $p = \log_a M \Leftrightarrow a^p = M$ より，
$x = \log_a M \Leftrightarrow a^x = M$
と表すことができる。

$a^x = M$
$\log_b a^x = \log_b M$ ← 両辺に b を底とする対数をとる
$x \log_b a = \log_b M$ ← 対数計算の公式③より
$$x = \frac{\log_b M}{\log_b a}$$
$$\log_a M = \frac{\log_b M}{\log_b a}$$

3 常用対数

底が10の対数のこと！

I 常用対数とは

底が10の対数を**常用対数**(じょうようたいすう)といい，$\log_{10}M$ もしくは底を省略して $\log M$ のように表します。常用対数を使うと，指数で表された数のおおよその桁数を調べることができます。

基本例題 常用対数

以下の常用対数を求めなさい。

(1) $\log 1$　　(2) $\log 1000$

解答

(1) $\log 1$

$= 0$ …答 ← 10の0乗は1

(2) $\log 1000$

$= 3$ …答 ← 1000は10の3乗

SECTION 03 試験問題にチャレンジ

利得

次のようなブロック図で示す2つの増幅器を直列に接続した回路がある。入力電圧 V_1 を加えたとき，出力電圧 V_0 の値は0.4 V，増幅器1の出力電圧 V_2 の値は 0.4×10^{-2} Vであった。増幅器2の電圧利得[dB]の値として，正しいのは次のうちどれか。

ただし，増幅器2の電圧利得 $= 20 \log \dfrac{V_0}{V_2}$ とする。

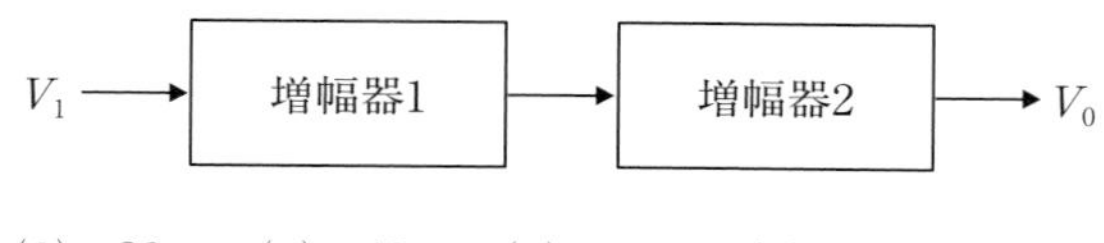

(1) 10　(2) 20　(3) 40　(4) 50　(5) 60

解答

増幅器2の電圧利得は与えられた式より，

$$
\begin{aligned}
20 \log \frac{V_0}{V_2} &= 20 \log \frac{0.4}{0.4 \times 10^{-2}} \\
&= 20 \log \frac{1}{10^{-2}} \\
&= 20 \log 10^2 \\
&= 20 \times 2 \\
&= 40 \text{ dB}
\end{aligned}
$$

よって，(3)が正解。

答… (3)

SECTION 04

一次方程式

このSECTIONで学習すること

1 一次方程式

- 一次方程式とは
- 一次方程式の解き方

2 連立方程式

- 連立方程式とは
- 連立方程式の解き方（代入法）
- 連立方程式の解き方（加減法）

1 一次方程式

一方の辺の項を符号を変えて他の辺に移す(移項)と便利！

Ⅰ 一次方程式とは

値のわからない文字（未知数）を含む等式を**方程式**（ほうていしき）といいます。方程式の左側の辺を**左辺**，右側の辺を**右辺**といいます。また，方程式を成り立たせる未知数の値（方程式の解）を求めることを**方程式を解く**といいます。未知数の次数が1である方程式を**一次方程式**といいます。

板書 一次方程式の例

$$x - 2 = 3$$

左辺：$x - 2$　右辺：3

未知数の次数が1なので，一次方程式

ひとこと

方程式を解くときは，基本的に，未知数が左辺にあるようにします。

ひとこと

特に，未知数が2つの一次方程式を二元一次方程式，未知数が3つの一次方程式を三元一次方程式といいます。

Ⅱ 一次方程式の解き方

1 等式の性質

一次方程式を解くには，次の4つの等式の性質を使います。

板書 一次方程式の解き方（等式の性質）

①等式の両辺に同じ数を加えても，等式は成り立つ。

②等式の両辺から同じ数を引いても，等式は成り立つ。

③等式の両辺に同じ数を掛けても，等式は成り立つ。

④等式の両辺を同じ数で割っても，等式は成り立つ。

基本例題 一次方程式 1

次の方程式を解きなさい。

(1) $x-3=5$　　(2) $x+3=5$

(3) $\dfrac{x}{3}=5$　　(4) $3x=15$

解答

(1) $x-3=5$

$x-3+3=5+3$ ← 両辺に3を加える

$x=5+3$

$x=8$…答

(2) $x+3=5$

$x+3-3=5-3$ ← 両辺から3を引く

$x=5-3$

$x=2$…答

(3) $\dfrac{x}{3}=5$

$\dfrac{x}{3}\times 3=5\times 3$ ← 両辺に3を掛ける

$x=15$…答

(4) $3x = 15$

$$\frac{3x}{3} = \frac{15}{3}$$ ← 両辺を3で割る

$x = 5$ …答

また，移項を使うと早く方程式を解くことができます。

板書 移項（いこう）

移項 …一方の辺の項を，符号を変えて他の辺に移すこと。

移項を使うと

基本例題(1)は

$$x - 3 = 5$$
$$x = 5 + 3$$ （−3を+3に）
$$x = 8$$

基本例題(2)は

$$x + 3 = 5$$
$$x = 5 - 3$$ （+3を−3に）
$$x = 2$$

2 一次方程式の解き方

一次方程式は，基本的に等式の性質①～④を組み合わせることで解くことができます。

基本例題 一次方程式2

次の方程式を解きなさい。

(1) $4 - 3x = 13$　(2) $2x + 3 = 4x - 5$

(3) $\frac{x-1}{2} - \frac{2x+1}{3} = 0$　(4) $\frac{1}{x} = \frac{2}{x+1}$

解答

(1) $4-3x=13$ ← 左辺の4を右辺に移項する

$-3x=9$ ← 両辺を-3で割る

$x=-3$…答

ひとこと

一次方程式の解き方は1つだけではありません。たとえば，左辺の$-3x$を右辺に，右辺の13を左辺に移項しても解くことができます。

その場合も，解は$x=-3$と書き表します。

(2) $2x+3=4x-5$ ← 左辺の3と右辺の4xを移項する

$-2x=-8$ ← 両辺を-2で割る

$x=4$…答

(3) $\frac{x-1}{2}-\frac{2x+1}{3}=0$ ← 両辺に6を掛ける

$3(x-1)-2(2x+1)=0$

$3x-3-4x-2=0$

$-x-5=0$

$x=-5$…答

ひとこと

xの係数に分数が含まれていると方程式が解きづらいので，2と3の最小公倍数である6を両辺に掛けることで，分母の2と3を消去します。

(4) $\frac{1}{x}=\frac{2}{x+1}$ ← 両辺にx(x+1)を掛ける

$x+1=2x$

$x=1$…答

分母に未知数xが含まれている場合も，同様に，分母の最小公倍数を両辺に掛けることで，方程式を解きやすくします。

2 連立方程式

2つ以上の一次方程式の解き方を押さえよう！

I 連立方程式とは

連立方程式とは，同時に成り立ついくつかの方程式を組み合わせたもののことをいいます。

連立方程式を解くには，未知数の数と同じ数の方程式が必要です。また，連立方程式の解き方には，おもに，**代入法**（だいにゅうほう）と**加減法**（かげんほう）の2通りの解き方があります。

ひとこと

連立方程式は，代入法と加減法，どちらのやり方でも解くことができますが，加減法を使ったほうが簡単に解けることが多くあります。

II 連立方程式の解き方（代入法）

1 代入法による連立方程式の解き方1

基本例題 連立方程式1

次の連立一次方程式を解きなさい。

(1) $\begin{cases} x+y=0 \\ x-y=2 \end{cases}$　　(2) $\begin{cases} x+2y=3 \\ 3x-4y=-1 \end{cases}$

解答

(1) $\begin{cases} x+y=0 & \cdots① \\ x-y=2 & \cdots② \end{cases}$

STEP 1 $y=\cdots$の式に変換する

まず，連立方程式の一方の方程式の1つの文字について解きます。

①式をyについて解くと，

$y=-x \quad \cdots③$

STEP2 代入してxの値を求める

次に，この③式をもう一方の方程式に代入して，未知数が1つの方程式をつくります。

③式を②式に代入すると，

$$x-(-x)=2$$
$$x+x=2$$
$$2x=2$$
$$x=1$$

STEP3 yの値を求める

最後に，求めた未知数の値を連立方程式のどちらか一方に代入して，もう1つの未知数の値を求めます。

$x=1$を③式に代入すると，

$$y=-1$$

（答） $x=1$，$y=-1$

ひとこと

連立方程式の答えの表し方には，

・$x=a, y=b$

・$\begin{cases} x=a \\ y=b \end{cases}$

・$(x, y)=(a, b)$

の，おもに3つの書き方がありますが，自分の好きな書き方でかまいません。

(2) $\begin{cases} x+2y=3 & \cdots① \\ 3x-4y=-1 & \cdots② \end{cases}$

STEP1 $x=\cdots$の式に変換する

①式をxについて解くと， ← yについて解くと分数になってしまうので，x=…の式にしています。

$$x=3-2y \quad \cdots③$$

STEP2 代入してyの値を求める

③式を②式に代入すると，

$$3(3-2y)-4y=-1$$
$$9-6y-4y=-1$$
$$-6y-4y=-1-9$$
$$-10y=-10$$
$$y=1$$

STEP3 xの値を求める

$y=1$を③式に代入すると，

$$x=3-2\times 1$$
$$x=1$$

（答）$x=1,\ y=1$

2 代入法による連立方程式の解き方２

基本例題 連立方程式2

次の連立方程式を解きなさい。

$$\begin{cases} x+y+z=6 \\ 2x+3y-4z=-4 \\ 3x-2y+z=2 \end{cases}$$

解答

$$\begin{cases} x+y+z=6 & \cdots① \\ 2x+3y-4z=-4 & \cdots② \\ 3x-2y+z=2 & \cdots③ \end{cases}$$

STEP1 $z=\cdots$の式に変換する

まず，連立方程式の1つの方程式のどれか1つの文字について解きます。

①式をzについて解くと，

$$z=6-x-y \quad \cdots④$$

STEP2 xとyだけの連立方程式をつくる

次に，④式を残りの2つの方程式に代入して，未知数が2つの連立方程式をつくります。

④式を②式に代入すると，

$$2x + 3y - 4(6 - x - y) = -4$$

$$2x + 3y - 24 + 4x + 4y = -4$$

$$6x + 7y = 20 \quad \cdots⑤$$

④式を③式に代入すると，

$$3x - 2y + 6 - x - y = 2$$

$$2x - 3y = -4 \quad \cdots⑥$$

STEP 3　連立方程式を解く

$$\begin{cases} 6x + 7y = 20 & \cdots⑤ \\ 2x - 3y = -4 & \cdots⑥ \end{cases}$$

⑤式と⑥式の連立方程式を解きます。

まず，連立方程式の一方の方程式の1つの文字について解きます。

⑥式をxについて解くと，

$$2x = -4 + 3y$$

$$x = \frac{-4 + 3y}{2} \quad \cdots⑦$$

この⑦式をもう一方の方程式に代入して，未知数が1つの方程式をつくります。

⑦式を⑤式に代入すると，

$$6\left(\frac{-4 + 3y}{2}\right) + 7y = 20$$

$$-12 + 9y + 7y = 20$$

$$16y = 32$$

$$y = 2$$

求めた未知数の値を新しくつくった連立方程式のうち，どれか1つに代入して，もう1つの未知数の値を求めます。

$y = 2$を⑦式に代入すると，

$$x = \frac{-4 + 3 \times 2}{2}$$

$$x = 1$$

STEP 4 zの値を求める

最後に，求めた2つの未知数の値を連立方程式のどれか1つの方程式に代入して，3つ目の未知数の値を求めます。

$x=1$，$y=2$を④式に代入すると，

$$z=6-1-2$$

$$z=3$$

（答）$x=1$，$y=2$，$z=3$

Ⅲ 連立方程式の解き方（加減法）

1 加減法による連立方程式の解き方 1

基本例題 連立方程式3

次の連立一次方程式を解きなさい。

(1) $\begin{cases} x+y=0 \\ x-y=2 \end{cases}$　　(2) $\begin{cases} x+2y=3 \\ 3x-4y=-1 \end{cases}$

解答

(1) $\begin{cases} x+y=0 & \cdots① \\ x-y=2 & \cdots② \end{cases}$

STEP 1 yの係数をそろえて2つの式を足す

まず，連立方程式の1つの未知数の係数の大きさをそろえます。次に，辺々（左辺どうし・右辺どうし）を足したり引いたりして係数の大きさをそろえた未知数を消去し，未知数が1つの方程式をつくります。

この問題では，yの係数の大きさはそろっているので，①式＋②式は，

$$\begin{array}{rrcrl} & x+y &=& 0 & \cdots① \\ +) & x-y &=& 2 & \cdots② \\ \hline & 2x &=& 2 & \end{array}$$

yの係数が1（①式）と−1（②式）なので2つの式を足せばyがなくなる

よって，$x=$ 1

STEP 2　yの値を求める

最後に，求めた未知数の値を連立方程式のどちらか一方に代入して，2つ目の未知数の値を求めます。

$x=1$を①式に代入すると，

$$1+y=0$$
$$y=-1$$

（答）$x=1$，$y=-1$

(2) $\begin{cases} x+2y=3 & \cdots① \\ 3x-4y=-1 & \cdots② \end{cases}$

STEP 1　yの係数をそろえて2つの式を足す

①式×2＋②式は，

$$\begin{array}{rrcrl} & 2x+4y & = & 6 & \cdots①\times 2 \\ +) & 3x-4y & = & -1 & \cdots② \\ \hline & 5x & = & 5 & \end{array}$$

①式を2倍すればyの係数が4と－4になる！

よって，$x=$ 1

STEP 2　yの値を求める

$x=1$を①式に代入すると，

$$1+2y=3$$
$$2y=2$$
$$y=1$$

（答）$x=1$，$y=1$

2 加減法による連立方程式の解き方2

基本例題 連立方程式4

次の連立一次方程式を解きなさい。

$$\begin{cases} x+y+z=6 \\ 2x+3y-4z=-4 \\ 3x-2y+z=2 \end{cases}$$

解答

$$\begin{cases} x+y+z=6 & \cdots① \\ 2x+3y-4z=-4 & \cdots② \\ 3x-2y+z=2 & \cdots③ \end{cases}$$

STEP 1 zの係数をそろえて，xとyについての連立方程式をつくる

まず，2つの方程式のうちどれか1つの未知数の係数の大きさをそろえます。次に，辺々を足したり引いたりして係数の大きさをそろえた未知数を消去し，未知数が2つの方程式をつくります。

①式×4＋②式は，

$$\begin{array}{rrrrrl} & 4x+ & 4y+ & 4z= & 24 & \cdots①\times 4 \\ +) & 2x+ & 3y- & 4z= & -4 & \cdots② \\ \hline & 6x+ & 7y & = & 20 & \cdots④ \end{array}$$

連立方程式を解くには2つの方程式が必要なので，違う組み合わせの方程式において同じ作業を繰り返し，もう1つの連立方程式をつくります。このとき，消去する未知数が同じになるようにします。

①式－③式は，

$$\begin{array}{rrrrrl} & x+ & y+ & z= & 6 & \cdots① \\ -) & 3x- & 2y+ & z= & 2 & \cdots③ \\ \hline & -2x+ & 3y & = & 4 & \cdots⑤ \end{array}$$

STEP 2 連立方程式を解く

$$\begin{cases} 6x+7y=20 & \cdots④ \\ -2x+3y=4 & \cdots⑤ \end{cases}$$

④式と⑤式の連立方程式を解きます。

連立方程式の一方の未知数の係数の大きさをそろえ，辺々を足したり引いたりして，未知数を消去し，未知数が1つの方程式をつくります。

④式＋⑤式×3は，

$$\begin{array}{rrcrcrl} & 6x & + & 7y & = & 20 & \cdots ④ \\ +) & -6x & + & 9y & = & 12 & \cdots ⑤ \times 3 \\ \hline & & & 16y & = & 32 & \end{array}$$

よって，$y = 2$

求めた未知数の値を新しくつくった連立方程式のどれか1つに代入して，2つ目の未知数の値を求めます。

$y = 2$を④式に代入すると，

$$6x + 7 \times 2 = 20$$
$$6x = 6$$
$$x = 1$$

STEP 3 zの値を求める

最後に，求めた未知数の値を連立方程式のどれか1つに代入して，3つ目の未知数の値を求めます。

$x = 1$，$y = 2$を①式に代入すると，

$$1 + 2 + z = 6$$
$$z = 3$$

（答） $x = 1$，$y = 2$，$z = 3$

SECTION 04 試験問題にチャレンジ

合成抵抗の計算

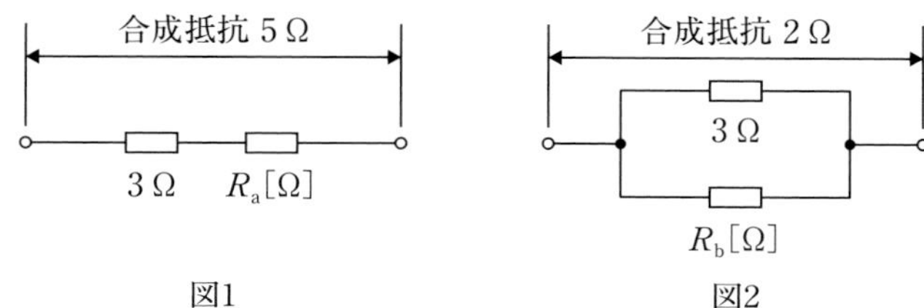

図1　　図2

(a)　図1のように，3 Ωの抵抗に抵抗R_aを直列に接続したところ，合成抵抗は5 Ωになった。接続した抵抗R_a[Ω]の値として，正しいものは次のうちどれか。

(1)　0.2　(2)　0.6　(3)　2　(4)　8　(5)　15

(b)　図2のように，3 Ωの抵抗に抵抗R_bを並列に接続したところ，合成抵抗は2 Ωになった。接続した抵抗R_b[Ω]の値として，正しいものは次のうちどれか。

(1)　0.6　(2)　1　(3)　1.5　(4)　5　(5)　6

解答

(a)　抵抗R_1と抵抗R_2を直列に接続すると，その合成抵抗Rは，

$$R = R_1 + R_2 [\Omega]$$

と表されます。

したがって，$R = 5\ \Omega$，$R_1 = 3\ \Omega$，$R_2 = R_a [\Omega]$として方程式を立てると，

$$5 = 3 + R_a$$

となり，これを解くと，抵抗R_a[Ω]の値は

$$R_a = 2\ \Omega$$

よって，(3)が正解。

(b)　抵抗R_1と抵抗R_2を並列に接続すると，その合成抵抗R[Ω]は，

$$R=\frac{R_1R_2}{R_1+R_2}[\Omega]$$

と表されます。

したがって，$R=2\ \Omega$，$R_1=3\ \Omega$，$R_2=R_b[\Omega]$として方程式を立てると，

$$2=\frac{3R_b}{3+R_b}$$

これを解くと，抵抗R_b[Ω]の値は，

$$2=\frac{3R_b}{3+R_b}$$

$$2(3+R_b)=3R_b$$

$$6+2R_b=3R_b$$

$$R_b=6\ \Omega$$

よって，(5)が正解。

答…　(a)(3)　(b)(5)

キルヒホッフの法則

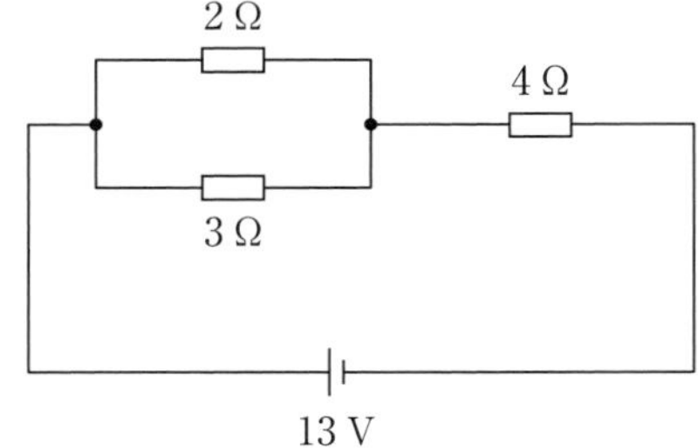

図のような直流回路において，2 Ωの抵抗に流れる電流[A]として正しいものは次のうちどれか。

(1)　1　　(2)　1.5　　(3)　2　　(4)　2.5　　(5)　3

解答

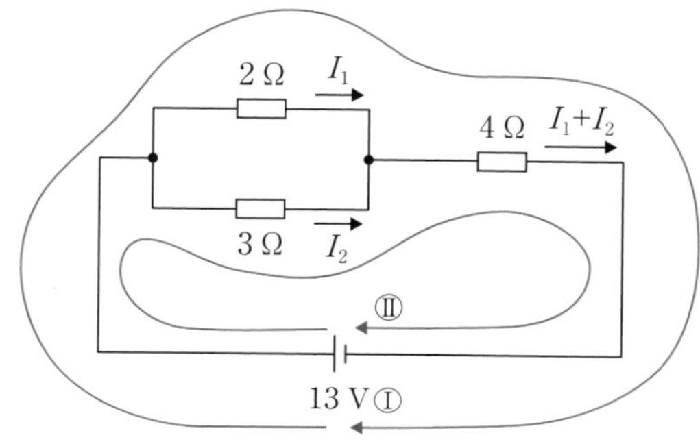

図のように流れる電流を定義すると，オームの法則（$V=RI$）とキルヒホッフの第二法則より，次の連立方程式が成り立ちます。

Ⅰの閉回路について：$13 = 2I_1 + 4(I_1 + I_2)$　…①

Ⅱの閉回路について：$13 = 3I_2 + 4(I_1 + I_2)$　…②

①式，②式を整理すると，

$$\begin{cases} 6I_1 + 4I_2 = 13 & \cdots③ \\ 4I_1 + 7I_2 = 13 & \cdots④ \end{cases}$$

I_1を求めたいのでI_2を消去します。

③式 × 7 − ④式 × 4 は，

$$\begin{array}{rr} & 42I_1+28I_2=91 \\ -) & 16I_1+28I_2=52 \\ \hline & 26I_1 \qquad =39 \end{array}$$

$$I_1 = 1.5\ \text{A}$$

よって，(2)が正解。

答… (2)

SECTION 05

二次方程式

このSECTIONで学習すること

1 式の展開

- 分配法則
- 式の展開

2 因数分解

- 因数分解とは
- 因数分解の公式
- 因数分解の解き方

3 二次方程式

- 二次方程式とは
- 二次方程式の解の公式
- 解の公式を使わない解き方

1 式の展開

分配法則と乗法公式を押さえよう！

Ⅰ 分配法則

分配法則は，（カッコ）を外すために（ ）の外にある数を（ ）のなかに分配する法則です。式の積を展開して計算するときは，次の分配法則をよく用います。

公式 等式の分配法則

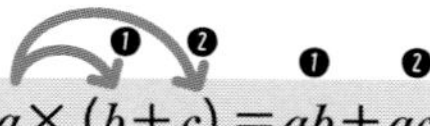

$a \times (b+c) = ab + ac$

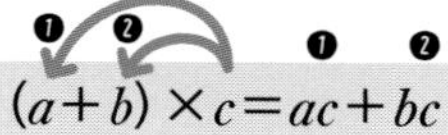

$(a+b) \times c = ac + bc$

❶と❷の掛け算をして（ ）を外します。

基本例題 分配法則

次の式を展開しなさい。

(1) $4(x+2y)$　(2) $(x+3)y$

(3) $(2x+1)(y-3)$

解答

(1) $4(x+2y) = 4x + 8y$…答 ⟵ $a\times(b+c)=ab+ac$

(2) $(x+3)y = xy + 3y$…答 ⟵ $(a+b)\times c=ac+bc$

(3) $(2x+1)(y-3)$

$= 2x(y-3) + 1 \times (y-3)$

$= 2xy - 6x + y - 3$…答

Ⅱ 式の展開

式の展開は，分配法則を使って（　）を外す計算をすることです。式の展開に関する乗法公式は次のとおりです。

公式 乗法公式

① $(a+b)^2=a^2+2ab+b^2$

② $(a-b)^2=a^2-2ab+b^2$

③ $(a+b)(a-b)=a^2-b^2$

③ $(a+b)(a-b)=a^2-ab+ab-b^2$（$-ab+ab$ は 0）

$=a^2-b^2$

④ $(x+a)(x+b)=x^2+(a+b)x+ab$

④ $(x+a)(x+b)=x^2+bx+ax+ab$（同類項をまとめる）

$=x^2+(a+b)x+ab$

⑤ $(ax+b)(cx+d)=acx^2+(ad+bc)x+bd$

基本例題　式の展開

次の式を展開しなさい。

(1) $(x+3)^2$　(2) $(x-2y)^2$

(3) $(x+2)(x-2)$　(4) $(x+1)(x+2)$

(5) $(2x+1)(4x+3)$

解答

(1) $(x+3)^2$

$=x^2+2\cdot x\cdot 3+3^2$ ← $(a+b)^2=a^2+2ab+b^2$

$=x^2+6x+9$…答

ひとこと

“・”は掛ける記号である“×”を意味します。エックス“x”と掛ける“×”が紛らわしい場合などに用います。

(2)　$(x-2y)^2$

$= x^2 - 2\cdot x\cdot 2y + (2y)^2$　← $(a-b)^2=a^2-2ab+b^2$

$= x^2 - 4xy + 4y^2$…答

(3)　$(x+2)(x-2)$

$= x^2 - 2^2$　← $(a+b)(a-b)=a^2-b^2$

$= x^2 - 4$…答

(4)　$(x+1)(x+2)$

$= x^2 + (1+2)x + 1\cdot 2$　← $(x+a)(x+b)=x^2+(a+b)x+ab$

$= x^2 + 3x + 2$…答

(5)　$(2x+1)(4x+3)$　← $(ax+b)(cx+d)=acx^2+(ad+bc)x+bd$

$= 2\cdot 4\cdot x^2 + (2\cdot 3 + 1\cdot 4)x + 1\cdot 3$

$= 8x^2 + 10x + 3$…答

2 因数分解

式の展開と逆のこと！

I 因数分解とは

1つの式が，複数の数や式の積の形で表されるとき，個々の式を**因数**（いんすう）といいます。また，1つの式を複数の因数の積で表すことを**因数分解**（いんすうぶんかい）といいます。つまり，因数分解とは，式の展開と逆の作業をすることです。

II 因数分解の公式

因数分解は，次の項で触れる二次方程式を解く方法の1つとして用いられることがあります。

公式 因数分解の公式

① $ab+ac=a(b+c)$

② $a^2+2ab+b^2=(a+b)^2$

③ $a^2-2ab+b^2=(a-b)^2$

④ $a^2-b^2=(a+b)(a-b)$

⑤ $x^2+(a+b)x+ab=(x+a)(x+b)$

⑥ $acx^2+(ad+bc)x+bd=(ax+b)(cx+d)$

因数分解は，式の展開と逆の作業なので，右辺の式を展開すると左辺になります。

ひとこと

因数分解の公式⑤において，$a=b$とすると，$x^2+2ax+a^2=(x+a)^2$となります。これは公式②と同じ形です。また，公式②のbに$-b$を代入すると，$a^2-2ab+b^2=(a-b)^2$となり，公式③を導くことができます。

以上のことから，公式②と③は公式⑤の特殊な形であることがわかります。

基本例題　因数分解

次の式を因数分解しなさい。

(1) $2x+2xy$　(2) $x^2+8x+16$

(3) $x^2-4xy+4y^2$　(4) x^2-4

(5) $x^2+7x+10$　(6) $x^2+xy-2y^2$

(7) $6x^2+x-12$

解答

(1) $2x+2xy$

$=2x\cdot1+2x\cdot y$ ← $ab+ac=a(b+c)$

$=2x(1+y)$…答

ひとこと

1つの式中において共通する因数を共通因数といい，共通因数以外の数や式をカッコでくくることを，共通因数をくくり出すといいます。これは，分配法則の逆の作業をすることです。

(2) $x^2+8x+16$

$=x^2+2\cdot x\cdot4+4^2$

$=(x+4)^2$…答 ← $a^2+2ab+b^2=(a+b)^2$

(3) $x^2-4xy+4y^2$

$=x^2-2\cdot x\cdot2y+(2y)^2$

$=(x-2y)^2$…答 ← $a^2-2ab+b^2=(a-b)^2$

(4) x^2-4

$=x^2-2^2$

$=(x+2)(x-2)$…答 ← $a^2-b^2=(a+b)(a-b)$

(5) $x^2+7x+10$

$x^2+(a+b)x+ab=(x+a)(x+b)$ より，$a+b=7$，$ab=10$ となる a，b の組

み合わせは2，5であるから，

$x^2+7x+10$

$=x^2+(2+5)x+2\cdot5$

$=(x+2)(x+5)$…答

(6)　$x^2+xy-2y^2$

$x^2+(a+b)x+ab=(x+a)(x+b)$ より，　$a+b=y$，$ab=-2y^2$となるa，bの組み合わせは$-y$，$2y$であるから，

$x^2+xy-2y^2$

$=x^2+(-y+2y)x+(-y)\cdot2y$

$=(x-y)(x+2y)$…答

(7)　$6x^2+x-12$

$acx^2+(ad+bc)x+bd=(ax+b)(cx+d)$ より，　$ac=6$，$ad+bc=1$，$bd=-12$となるa，b，c，dは

a (2)	b (3)	bc (9)
×	×	+
c (3)	d (−4)	ad (−8)
ac (6)	bd (−12)	$ad+bc$ (1)

よって，$a=2$，$b=3$，$c=3$，$d=-4$である。

$6x^2+x-12$

$=2\cdot3\cdot x^2+\{2\cdot(-4)+3\cdot3\}x+3\cdot(-4)$

$=(2x+3)(3x-4)$…答

ひとこと

(7)のように，x^2の係数が1でない式を因数分解する方法として，たすき掛けがあります。たすき掛けを使うことで，$acx^2+(ad+bc)x+bd=(ax+b)(cx+d)$ のa，b，c，dを少しだけ楽に見つけることができます。

Ⅲ 因数分解の解き方

因数分解の公式がそのまま当てはまらない場合は，次のような方法で因数分解します。

板書 因数分解の解き方

① 式を文字に置き換える

② 共通因数をくくり出す

③ 1つの文字について整理する

基本例題 因数分解の応用

次の式を因数分解しなさい。

(1) $(2x+1)^2-(x+y)^2$　(2) $2x^2+8x+8$

(3) $x^2-x+2xy-2y$

解答

(1) $(2x+1)^2-(x+y)^2$ ← 2x+1=A，x+y=Bとおく

$=A^2-B^2$ ← $a^2-b^2=(a+b)(a-b)$

$=(A+B)(A-B)$ ← Aを2x+1，Bをx+yに戻す

$=\{(2x+1)+(x+y)\}\{(2x+1)-(x+y)\}$

$=(3x+y+1)(x-y+1)$…答

(2) $2x^2+8x+8$ ← 共通因数である2をくくり出す

$=2(x^2+4x+4)$ ← $a^2+2ab+b^2=(a+b)^2$

$=2(x+2)^2$…答

(3)　$x^2 - x + 2xy - 2y$

$= x^2 - x + 2y(x - 1)$ ← 2yについて整理する

$= x(x - 1) + 2y(x - 1)$ ← xについて整理する

$= (x + 2y)(x - 1)$…答 ← $ab + ac = a(b + c)$

3 二次方程式

x²が出てくる方程式の解き方を押さえよう！

I 二次方程式とは

未知数の次数が2である方程式を二次方程式（にじほうていしき）といいます。二次方程式は次のように表されます。

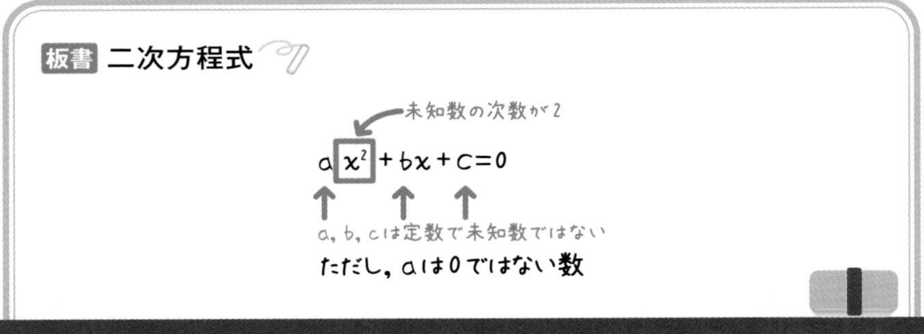

II 二次方程式の解の公式

二次方程式の解の公式を使えば，すべての二次方程式を解くことができます。

公式 二次方程式の解の公式

$ax^2 + bx + c = 0$の解は

$$x = \frac{-b \pm \sqrt{b^2 - 4ac}}{2a}$$

＊ただし，a，b，cは定数で，aは0でない数

解の公式の導き方

$$ax^2+bx+c=0$$

両辺をaで割ると,

$$x^2+\frac{b}{a}x+\frac{c}{a}=0$$

$\frac{c}{a}$を右辺に移項すると,

$$x^2+\frac{b}{a}x=-\frac{c}{a}$$

両辺に$\left(\frac{b}{2a}\right)^2$を加えると,

$$x^2+\frac{b}{a}x+\left(\frac{b}{2a}\right)^2=-\frac{c}{a}+\left(\frac{b}{2a}\right)^2$$

$$\left(x+\frac{b}{2a}\right)^2=\frac{b^2-4ac}{4a^2}$$

平方根の考え方を用いると,

$$x+\frac{b}{2a}=\pm\sqrt{\frac{b^2-4ac}{4a^2}}=\pm\frac{\sqrt{b^2-4ac}}{2a}$$

$\frac{b}{2a}$を右辺に移項すると,

$$x=-\frac{b}{2a}\pm\frac{\sqrt{b^2-4ac}}{2a}=\frac{-b\pm\sqrt{b^2-4ac}}{2a}$$

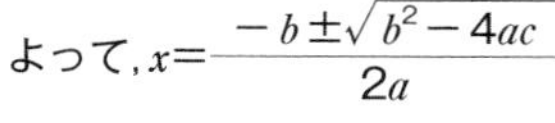
よって, $x=\frac{-b\pm\sqrt{b^2-4ac}}{2a}$

基本例題　二次方程式 1

次の二次方程式を解きなさい。

(1)　$x^2+2x-5=0$　　(2)　$2x^2-5x+1=0$

(3)　$(x+1)(x+2)=3$

解答

(1)　$x^2+2x-5=0$

$$x=\frac{-2\pm\sqrt{2^2-4\cdot1\cdot(-5)}}{2\cdot1}$$ ← 解の公式より

$$=\frac{-2\pm\sqrt{4+20}}{2}=\frac{-2\pm\sqrt{24}}{2}=\frac{-2\pm2\sqrt{6}}{2}=-1\pm\sqrt{6}$$ …答

(2)　$2x^2-5x+1=0$

$$x=\frac{-(-5)\pm\sqrt{(-5)^2-4\cdot2\cdot1}}{2\cdot2}$$ ← 解の公式より

$$=\frac{5\pm\sqrt{25-8}}{4}=\frac{5\pm\sqrt{17}}{4}$$ …答

(3)　$(x+1)(x+2)=3$

$x^2+3x+2=3$ ← 左辺を展開する

$x^2+3x-1=0$ ← 両辺から3を引く

$$x=\frac{-3\pm\sqrt{3^2-4\cdot1\cdot(-1)}}{2\cdot1}$$ ← 解の公式より

$$=\frac{-3\pm\sqrt{9+4}}{2}=\frac{-3\pm\sqrt{13}}{2}$$ …答

III 解の公式を使わない解き方

解の公式はすべての場合に使うことができますが，次のような場合は別の方法で簡単に解くことができます。

板書 解の公式を使わない場合

① 平方根の考え方を利用できる場合

② 因数分解ができる場合

基本例題 二次方程式 2

次の二次方程式を解きなさい。

(1) $x^2-5=0$

(2) $(x-2)^2=5$

(3) $(x-2)(x+5)=0$

(4) $x^2-4x+4=0$

(5) $2x^2+2x=0$

解答

(1) $x^2-5=0$

$x^2=5$ ← -5を右辺に移項する

$x=\pm\sqrt{5}$…答 ← 平方根の考え方より

(2) $(x-2)^2=5$

$x-2=\pm\sqrt{5}$ ← 平方根の考え方より

$x=2\pm\sqrt{5}$…答 ← -2を右辺に移項する

(3) $(x-2)(x+5)=0$

$x-2=0$または$x+5=0$となるので，$x=2$または$x=-5$が解となります。

よって，$x=2,\ -5$…答

(4)　$x^2 - 4x + 4 = 0$

$(x-2)^2 = 0$ ⟵ $a^2-2ab+b^2=(a-b)^2$

$x = 2$…答

ひとこと

(4)　$x^2 - 4x + 4 = 0$を二次方程式の解の公式を用いて解くと，

$$x=\frac{-(-4)\pm\sqrt{(-4)^2-4\cdot1\cdot4}}{2\cdot1}=\frac{4\pm\sqrt{0}}{2}=2$$

二次方程式の解の数は，一般に2つになりますが，(4)の場合のように，ルートのなかのb^2-4acが0となる場合は，解は1つになります。このような解を重解（じゅうかい）といいます。

(5)　$2x^2 + 2x = 0$

$2x(x+1) = 0$ ⟵ $ab+ac=a(b+c)$

$2x = 0$または$x + 1 = 0$となるので，

$x = 0,\ -1$…答

SECTION 05 試験問題にチャレンジ

ブリッジ回路

図に示すブリッジ回路において，検流計を流れる電流が0のとき，抵抗R［Ω］はいくらか。正しい値を次の(1)～(5)のうちから選べ。

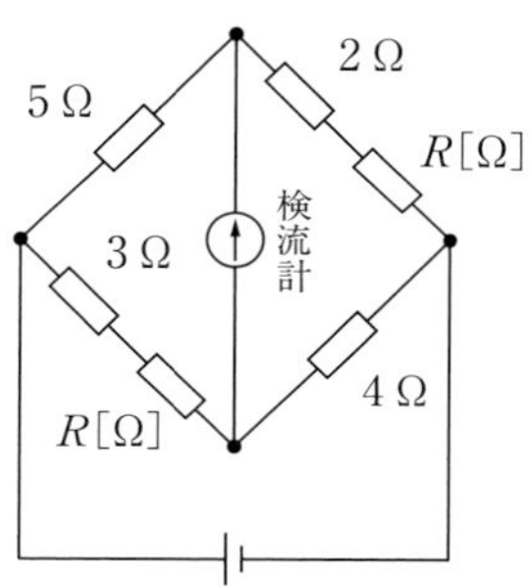

ただし，下図に示すブリッジ回路において，検流計を流れる電流が0のとき，ブリッジの平衡条件$R_1R_4 = R_2R_3$が成り立つ。

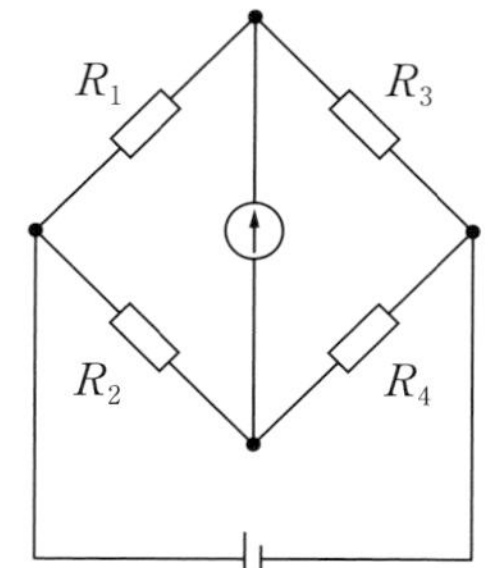

(1)　1.0　　(2)　1.5　　(3)　2.0　　(4)　3.0　　(5)　4.0

解答

向かい合う抵抗の積が等しいとき，検流計に流れる電流は0になります。

ブリッジの平衡条件式より，

$$5\times4 = (3+R)(2+R)$$

右辺を展開すると，

$$20 = 6 + 5R + R^2$$
$$R^2 + 5R - 14 = 0$$
左辺は因数分解できるから，
$$(R + 7)(R - 2) = 0$$
$$R = -7,\ 2$$
ここで，抵抗Rは正の数であるから，
$$R = 2.0\ \Omega$$
よって，(3)が正解。

直流回路

図に示す直流回路において，抵抗R[Ω]はいくらか。正しい値を次の(1)～(5)のうちから選べ。

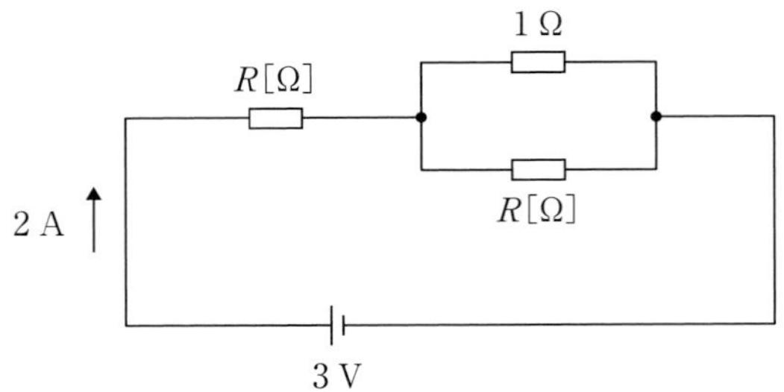

(1)　0.5　　(2)　1.0　　(3)　1.5　　(4)　2.0　　(5)　2.5

解答

並列回路部分の合成抵抗は，
$$\frac{1 \cdot R}{1 + R}$$
であるから，回路全体の合成抵抗をR_0[Ω]とすると，
$$R_0 = R + \frac{R}{1 + R} = \frac{R(1 + R) + R}{1 + R}$$
$$= \frac{R^2 + 2R}{1 + R}$$
オームの法則$V = IR_0$より，$R_0 = \dfrac{V}{I}$

$$\frac{R^2 + 2R}{1 + R} = \frac{3}{2}$$

$$2(R^2 + 2R) = 3(1 + R)$$

$$2R^2 + 4R = 3 + 3R$$

$$2R^2 + 4R - 3R - 3 = 0$$

$$2R^2 + R - 3 = 0$$

解の公式を使うと，

$$R = \frac{-1 \pm \sqrt{1^2 - 4 \cdot 2 \cdot (-3)}}{2 \cdot 2}$$

$$= \frac{-1 \pm \sqrt{1 + 24}}{4}$$

$$= \frac{-1 \pm \sqrt{25}}{4}$$

$$= \frac{-1 \pm 5}{4}$$

よって，$R = 1,\ -\dfrac{3}{2}$

ここで，Rは正の数であるから，

$R = 1.0\ \Omega$

よって，(2)が正解。

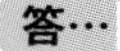

SECTION 06

最小定理

このSECTIONで学習すること

1 最小定理

- 最小定理とは
- 最小定理を使った問題の解き方

2 最小定理の応用

- 最大値の計算

1 最小定理

2つの数の合計の最小値の求め方

Ⅰ 最小定理とは

最小定理（さいしょうていり）とは，2つの正の数の和の最小を求める定理をいい，次のように定義することができます。

公式 最小定理

2つの正の数aとbがあり，その積$a \times b$が一定であるならば，$a = b$のときにその和$a + b$が最小となる。

Ⅱ 最小定理を使った問題の解き方

1 最小値の求め方

積$a \times b$が一定になるには，式中の変数（xやy）が消えて定数（1や2）だけになる必要があります。

基本例題 最小定理 1

$x > 0$とするとき，次の式が最小となるxの値を求めなさい。また，そのときの$f(x)$の最小値を求めなさい。

(1) $f(x) = x + \dfrac{1}{x}$　　(2) $f(x) = 3x + \dfrac{2}{x}$

解答

(1) $f(x) = x + \dfrac{1}{x}$

xと$\dfrac{1}{x}$の積$x \times \dfrac{1}{x}$が一定であるかを確かめます。

$x \times \dfrac{1}{x} = 1$ ← 変数xが消えて定数1だけが残り，一定

よって，一定。

したがって，$x = \dfrac{1}{x}$のときにその和$x + \dfrac{1}{x}$は最小となります。

最小定理

$x = \frac{1}{x}$より，xの値は，

$x^2 = 1$ ← 両辺にxを掛ける

$x = \sqrt{1} = 1$

となり，このxの値を$f(x) = x + \frac{1}{x}$に代入すると，$f(x)$の最小値を求めることができます。

$$f(x) = 1 + \frac{1}{1}$$
$$= 2 \cdots \text{答}$$

(2) $f(x) = 3x + \frac{2}{x}$

$3x \times \frac{2}{x} = 6$

よって，一定。

$3x = \frac{2}{x}$より，xの値は，

$3x^2 = 2$ ← 両辺にxを掛ける

$x^2 = \frac{2}{3}$

$x = \sqrt{\frac{2}{3}}$

となります。

したがって，$f(x)$の最小値は，

$f(x) = 3 \times \sqrt{\frac{2}{3}} + \frac{2}{\sqrt{\frac{2}{3}}}$ ← $\frac{2}{\frac{\sqrt{2}}{\sqrt{3}}} = \frac{2\sqrt{3}}{\sqrt{2}} = \frac{2\sqrt{6}}{2} = \sqrt{6}$

$= 3\sqrt{\frac{2}{3}} + \sqrt{6}$ ← $3\frac{\sqrt{2}}{\sqrt{3}} = \frac{3\sqrt{6}}{3} = \sqrt{6}$

$= \sqrt{6} + \sqrt{6}$

$= 2\sqrt{6} \cdots$答

2 3つ以上の数や式がある場合

$f(x)=ax+\frac{b}{x}+c$のように，3つ以上の数や式がある場合でも，変数が掛けられている項（ax），変数で割られている項$\left(\frac{b}{x}\right)$，定数項（c）の3つに分類すれば，最小定理を用いて解くことができます。具体的には，定数項（c）は値が一定であるためいったん計算から除外し，$ax+\frac{b}{x}$の最小値の計算結果に定数項（c）を足すことで$f(x)$の最小値を求めることができます。

基本例題 最小定理 2

$x>0$とするとき，次の式が最小となるxの値を求めなさい。また，そのときの最小値$f(x)$を求めなさい。

$$f(x)=9x+\frac{4}{x}+2$$

解答

$$f(x)=9x+\frac{4}{x}+2$$ ← 2は定数のため計算から除外する

$$9x\times\frac{4}{x}=36$$

よって，一定。

$9x=\frac{4}{x}$より，xの値は

$$9x^2=4$$ ← 両辺にxを掛ける

$$x^2=\frac{4}{9}$$

$$x=\sqrt{\frac{4}{9}}=\frac{2}{3}$$

となります。

したがって，$f(x)$の最小値は，

$$f(x)=9\times\frac{2}{3}+\frac{4}{\frac{2}{3}}+2$$

$$=6+6+2=14$$…**答**

2 最小定理の応用

最小定理を使って，最大値を求めよう！

I 最大値の計算

分母に2つの正の数があるとき，最小定理を応用して最大値を求めることができます。ある分数において，分母・分子が正であり分子が定数であれば，分母の値が小さくなるほど分数の値は大きくなります。これを利用して，分母の最小値を求めることで，分数の最大値を求めることができます。

基本例題 最小定理の応用

$x>0$とするとき，$f(x)$の最大値を求めなさい。

(1) $f(x)=\dfrac{10}{x+\dfrac{4}{x}}$　(2) $f(x)=\dfrac{4x}{(x+2)^2}$

解答

(1) $f(x)=\dfrac{10}{x+\dfrac{4}{x}}$ ← 分母の最小値を求める

$x\times\dfrac{4}{x}=4$

よって，一定。

$x=\dfrac{4}{x}$より，xの値は，

$x^2=4$

$x=2$

となり，このxの値を代入すると$x+\dfrac{4}{x}$の最小値は$2+\dfrac{4}{2}=4$となります。

分母が最小であるとき$f(x)$の値は最大となるので，分母に最小値4を代入すると，$f(x)$の最大値は，

$f(x)=\dfrac{10}{4}=\dfrac{5}{2}$…答

(2) $f(x)=\dfrac{4x}{(x+2)^2}=\dfrac{4x}{x^2+4x+4}=\dfrac{4}{x+4+\dfrac{4}{x}}$

分母の4は定数なので最小値の計算から除外

$x\times\dfrac{4}{x}=4$

よって，一定。

$x=\dfrac{4}{x}$より，xの値は，

$x^2=4$

$x=2$

となり，このxの値を代入すると$x+\dfrac{4}{x}$の最小値は$2+\dfrac{4}{2}=4$となります。

分母が最小であるとき$f(x)$の値は最大となるので，分母に最小値4を代入すると，$f(x)$の最大値は，

$f(x)=\dfrac{4}{4+4}=\dfrac{4}{8}=\dfrac{1}{2}$…**答**

SECTION 06 試験問題にチャレンジ

最大消費電力

起電力$E = 120$ V，内部抵抗$r = 4$ Ωの直流電源に可変抵抗R[Ω]を接続した回路がある。どのようなときに可変抵抗Rで消費される電力が最大となるか。また，このときのRの値を求めよ。

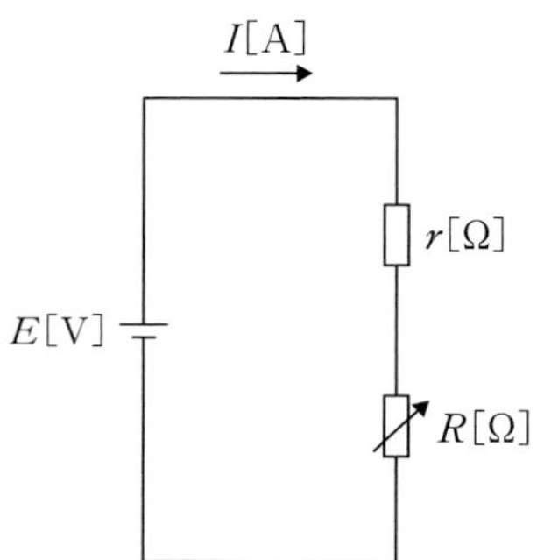

参考：可変抵抗Rで消費される電力$P = \dfrac{RE^2}{r^2 + 2rR + R^2}$[W]

解答

参考式を変形し，最小定理を使って分母の最小値を求めます。

$$P = \frac{RE^2}{r^2 + 2rR + R^2} = \frac{E^2}{\frac{r^2}{R} + 2r + R}$$

r=4なので，2rは一定だから，$\frac{r^2}{R}$+Rを考える

$\dfrac{r^2}{R} \times R = r^2$　よって，一定。

$$\frac{r^2}{R} = R$$

$$R^2 = r^2$$

よって，$R = r = 4$のとき分母は最小となります。

したがって，可変抵抗と電源の内部抵抗の値が等しいときに，消費電力は最大となり，このとき，$R = 4$ Ωとなります。

答…　4 Ω

SECTION 07 三角比と三角関数

このSECTIONで学習すること

1 弧度法

- 円周率
- 角度
- 立体角

2 三角比

- 三角比とは
- ピタゴラスの定理とは
- 三角比の関係

3 三角関数

- 一般角のルール
- 一般角の三角関数

4 三角関数のグラフ

- $\sin\theta$ と $\cos\theta$ のグラフ
- 三角関数と交流波形
- 位相の進み，遅れ

5 余弦定理

- 余弦定理

6 加法定理

- 加法定理
- 倍角の公式・半角の公式
- 三角関数の合成

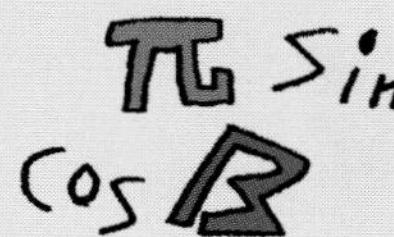

1 弧度法

角度の表し方には2種類ある！

I 円周率

円周率（π）とは，円周が直径の何倍であるかを表す値で，$\pi = 3.1415\cdots$ という値になります。

II 角度

角度の表し方には，おもに**度数法**と**弧度法**があります。

度数法は円周を360等分した弧の中心に対する角の大きさを1°（度）と表す方法です。

一方，弧度法は，円の半径rと円の弧の長さℓが等しいときの中心角θを1 rad（ラジアン）として表す方法です。

板書 角度

$$\theta = \frac{\ell}{r}\,[\mathrm{rad}]$$

度数法と弧度法には次の関係があります。

$$180^\circ = \pi \ \mathrm{rad}$$

ひとこと

1rad（ラジアン）は約57.3°（度）です。

また，57.3×3.1415≒180となることから，π rad＝180°であることがわかります。

基本例題　　弧度法

次の角度を弧度法［rad］で表しなさい。

(1)　30°　　(2)　45°

(3)　60°　　(4)　90°

(5)　180°　　(6)　360°

解答

(1)　$30° = \frac{30}{180} \times \pi = \frac{\pi}{6}$ rad…答

30°は180°の$\frac{1}{6}$です。180°＝π radなので，30°＝$\frac{\pi}{6}$ radとなります。比の考え方を使って，

$$30° : \theta\,[\mathrm{rad}] = 180° : \pi\ \mathrm{rad}$$

と考えるとわかりやすいかもしれません。

(2)　$45° = \frac{45}{180} \times \pi = \frac{\pi}{4}$ rad…答

(3)　$60° = \frac{60}{180} \times \pi = \frac{\pi}{3}$ rad…答

(4)　$90° = \frac{90}{180} \times \pi = \frac{\pi}{2}$ rad…答

(5)　$180° = \frac{180}{180} \times \pi = \pi$ rad…答

(6)　$360° = \frac{360}{180} \times \pi = 2\pi$ rad…答

Ⅲ 立体角

弧度法を三次元に拡張した考え方として**立体角**があります。

立体角は空間の広がりの度合いを表すもので，sr（ステラジアン）という記号を使って表されます。球の半径がrのとき，球の表面積S（下図の斜線部分）がr^2と等しくなるときの立体角ωを1 srとします。

$$\omega = \frac{S}{r^2}\,[\mathrm{sr}]$$

球の表面積は$4\pi r^2$なので，球全体の立体角は，

$$\omega = \frac{4\pi r^2}{r^2} = 4\pi\ [\mathrm{sr}]$$

となります。このことから，立体角はつねに4π sr以下になります。

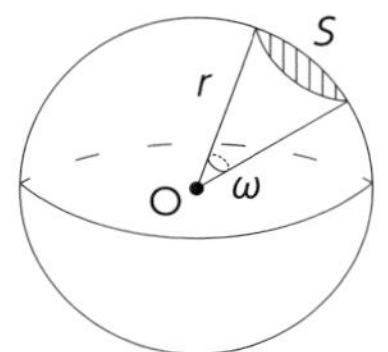

2 三角比

sin（サイン），cos（コサイン），tan（タンジェント）!

Ⅰ 三角比とは

直角三角形において，直角と向かい合う最も長い辺を**斜辺**（しゃへん）といいます。また，直角でない1つの角度の大きさをθとすると，角度θと隣り合う斜辺でない辺を**隣辺**（りんぺん）（底辺），角度θと向かい合う辺を**対辺**（たいへん）といいます。

図のような直角三角形の3辺の長さについて，次の関係が成り立ちます。

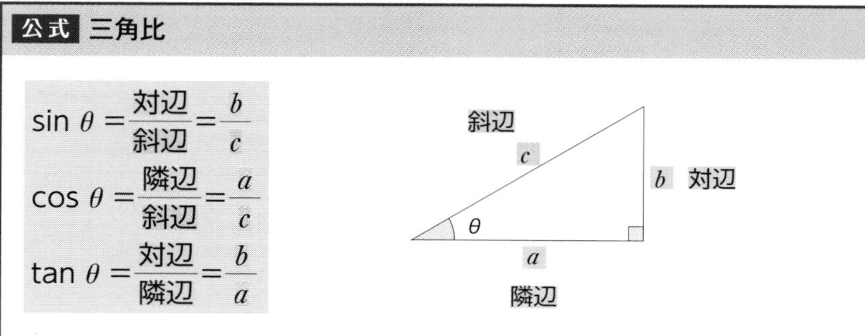

sin（サイン），cos（コサイン），tan（タンジェント）のような直角三角形の辺の長さの比を**三角比**（さんかくひ）といいます。

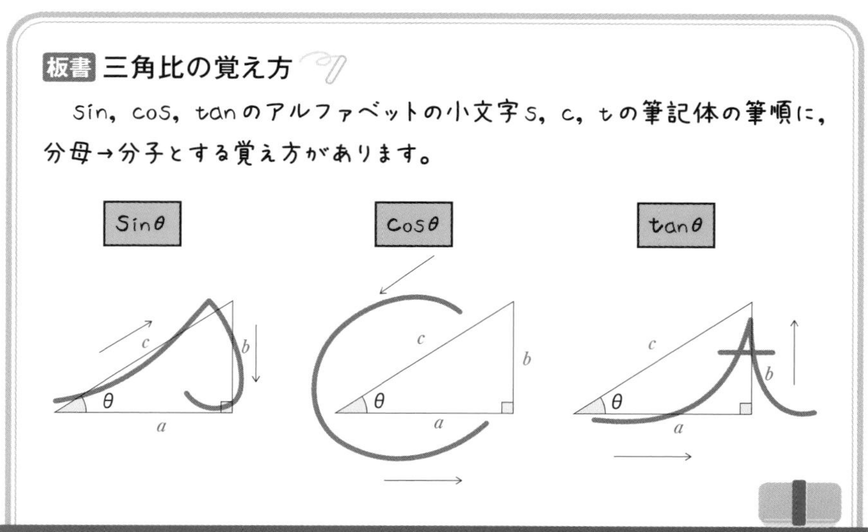

Ⅱ ピタゴラスの定理とは

直角三角形において，斜辺の長さをc，そのほかの辺の長さをa，bとしたとき，$a^2+b^2=c^2$の関係が成り立ちます。これを**ピタゴラスの定理**（**三平方の定理**）といいます。

公式 ピタゴラスの定理（三平方の定理）

$$a^2+b^2=c^2$$

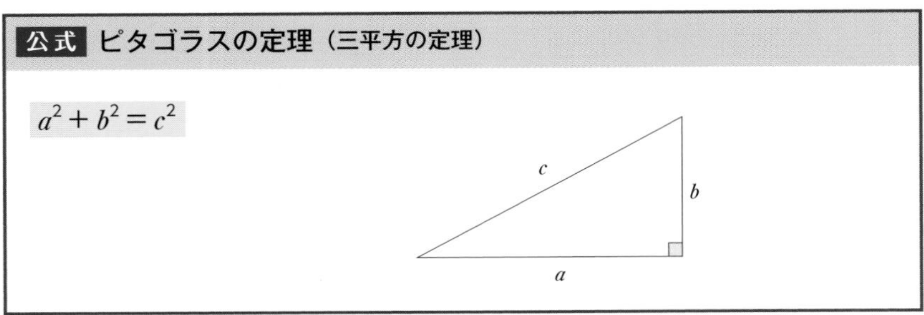

ひとこと

平方根の考え方を使うと，斜辺の長さcは，

$$c=\sqrt{a^2+b^2}$$

と表すことができます。

基本例題 ピタゴラスの定理

次の直角三角形の斜辺の長さxを求めなさい。

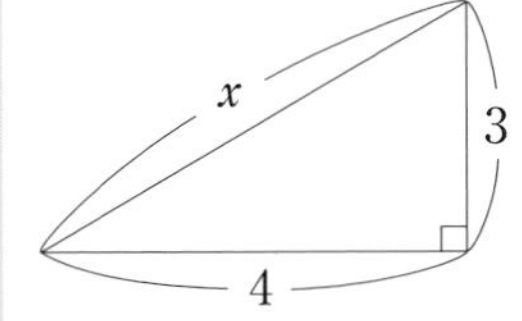

解答

ピタゴラスの定理より，

$$x=\sqrt{4^2+3^2}=\sqrt{16+9}=\sqrt{25}=5 \cdots 答$$

ピタゴラスの定理より，直角三角形の辺の長さの関係には次のようなものがあります。

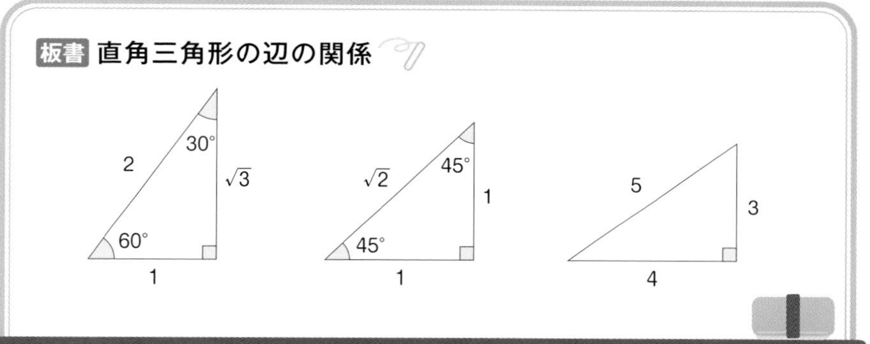

基本例題　　三角比

次の三角比を求めなさい。

(1) $\sin 30°$　　(2) $\cos 30°$

(3) $\tan 30°$　　(4) $\sin 45°$

(5) $\cos 45°$　　(6) $\tan 45°$

解答

直角三角形の辺の長さの関係から，

(1) $\sin 30° = \dfrac{1}{2}$ …答

(2) $\cos 30° = \dfrac{\sqrt{3}}{2}$ …答

(3) $\tan 30° = \dfrac{1}{\sqrt{3}}$ …答

2　1　30°　$\sqrt{3}$

$\sin 30° = \dfrac{対辺}{斜辺} = \dfrac{1}{2}$

$\cos 30° = \dfrac{隣辺}{斜辺} = \dfrac{\sqrt{3}}{2}$

$\tan 30° = \dfrac{対辺}{隣辺} = \dfrac{1}{\sqrt{3}}$

(4)　$\sin 45^\circ = \dfrac{1}{\sqrt{2}}$ …答

(5)　$\cos 45^\circ = \dfrac{1}{\sqrt{2}}$ …答

(6)　$\tan 45^\circ = 1$ …答

√2　1　45°　1

$\sin 45^\circ = \dfrac{対辺}{斜辺} = \dfrac{1}{\sqrt{2}}$

$\cos 45^\circ = \dfrac{隣辺}{斜辺} = \dfrac{1}{\sqrt{2}}$

$\tan 45^\circ = \dfrac{対辺}{隣辺} = \dfrac{1}{1} = 1$

Ⅲ 三角比の関係

三角比について，次の関係が成り立ちます。

公式 三角比の相互関係

① $\tan\theta = \dfrac{\sin\theta}{\cos\theta}$

② $\sin^2\theta + \cos^2\theta = 1$

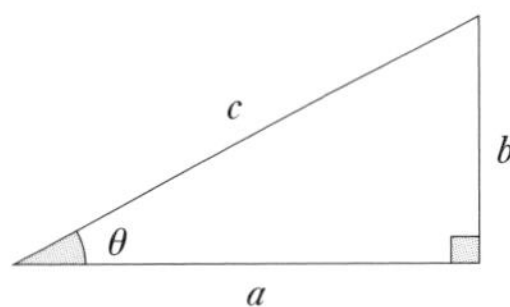

ひとこと

三角比の相互関係が成り立つ理由

三角比の相互関係の図から，$\sin\theta = \dfrac{b}{c}$，$\cos\theta = \dfrac{a}{c}$ です。

① $\tan\theta = \dfrac{\sin\theta}{\cos\theta}$ について

三角比の相互関係の図から，

$$\tan\theta = \frac{b}{a}$$

分母と分子を c で割ると，

$$\tan\theta = \frac{\frac{b}{c}}{\frac{a}{c}} = \frac{\sin\theta}{\cos\theta}$$

② $\sin^2\theta + \cos^2\theta = 1$ について

$$\sin^2\theta + \cos^2\theta = \left(\frac{b}{c}\right)^2 + \left(\frac{a}{c}\right)^2 = \frac{a^2 + b^2}{c^2}$$

ピタゴラスの定理より $a^2 + b^2 = c^2$ であるから，

$$\sin^2\theta + \cos^2\theta = \frac{a^2 + b^2}{c^2} = \frac{c^2}{c^2} = 1$$

ひとこと

$\sin\theta$の2乗は$\sin^2\theta$，$\cos\theta$の2乗は$\cos^2\theta$と表します。

$\sin\theta^2$，$\cos\theta^2$とすると$\sin(\theta\times\theta)$，$\cos(\theta\times\theta)$と，意味が変わってくるので注意が必要です。

3 三角関数

sin，cos，tanを活用しよう！

I 一般角のルール

1 正の角度と負の角度

板書の図のように，点Oを中心として半直線OBが回転するとき，OAを基準として，反時計回り（左周り）に測った角度を正（プラス）の角度，時計回り（右回り）に測った角度を負（マイナス）の角度と定めます。

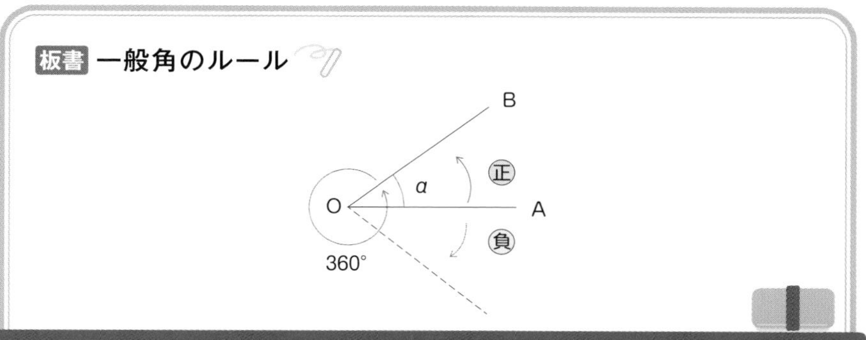

2 一般角

上図のように，∠AOBをαとしたとき，OBが360°の整数倍だけ回転しても元の位置に戻ってきます。このことから，∠AOBは一般に，

$$\theta=\alpha+360^\circ\times n \quad (n\text{は整数})$$

と表されます。

このように，負の角度や360°より大きい角度を表せるようにしたθを**一般角**といいます。

Ⅱ 一般角の三角関数

図のように，x，y座標上に原点Oを中心とする半径1の円（単位円）を考え，円周上にθ回転した点P（x，y）をとると，点Pのx座標は$\cos\theta$，y座標は$\sin\theta$を表します。

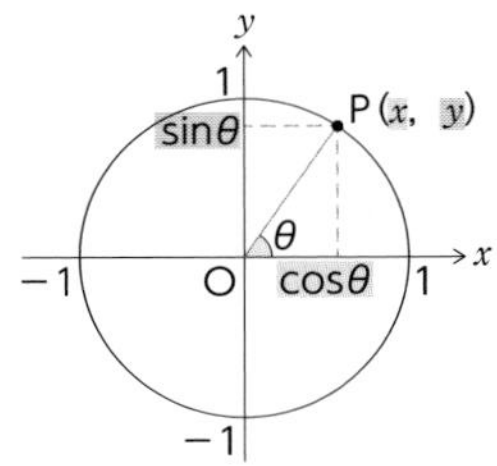

ひとこと

60°回転した場合

たとえば60°回転した点Pを考えます。三角比の考え方より，点Pの座標は$\left(\frac{1}{2}, \frac{\sqrt{3}}{2}\right)$となります。

ここでcos60°とsin60°を考えると，

$$\cos 60^\circ = \frac{隣辺}{斜辺} = \frac{\frac{1}{2}}{1} = \frac{1}{2}$$

$$\sin 60^\circ = \frac{対辺}{斜辺} = \frac{\frac{\sqrt{3}}{2}}{1} = \frac{\sqrt{3}}{2}$$

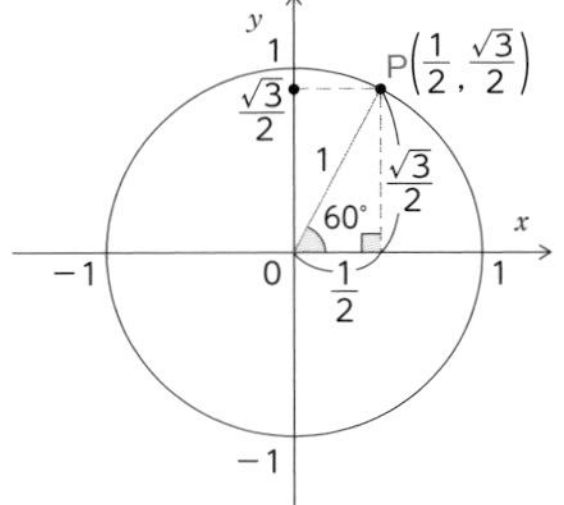

となります。

よって，点Pのx座標$\frac{1}{2}$はcos60°，y座標$\frac{\sqrt{3}}{2}$はsin60°と等しいことがわかります。

基本例題　三角関数

次の三角関数の値を求めなさい。

(1) $\sin 150°$　　(2) $\cos 150°$

(3) $\sin 225°$　　(4) $\cos 300°$

(5) $\sin(-60°)$　　(6) $\cos(-60°)$

解答

(1) $\sin 150° = \dfrac{1}{2}$…答

(2) $\cos 150° = -\dfrac{\sqrt{3}}{2}$…答

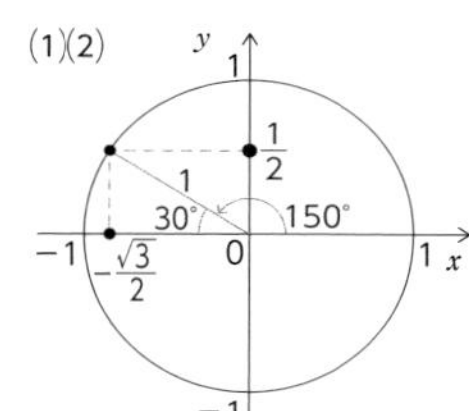

(3) $\sin 225° = -\dfrac{1}{\sqrt{2}}$…答

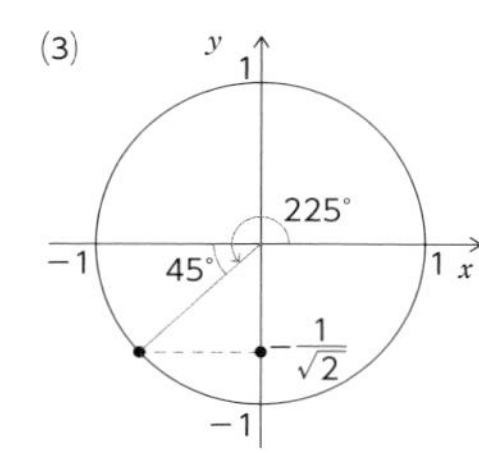

(4) $\cos 300° = \dfrac{1}{2}$…答

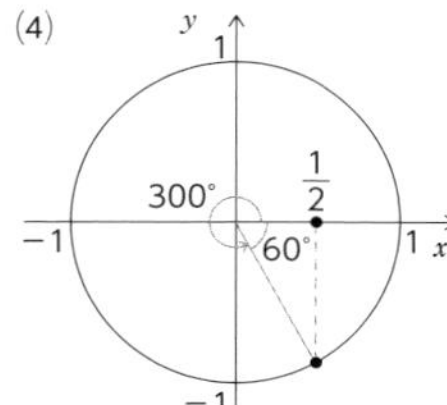

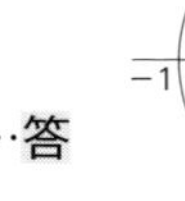

(5) $\sin(-60°) = -\dfrac{\sqrt{3}}{2}$…答

(6) $\cos(-60°) = \dfrac{1}{2}$…答

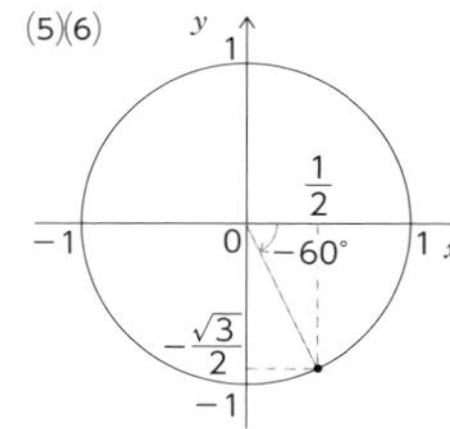

ひとこと

$300 = -60 + 360 \times n$と表すことができるので，(4)の$\cos 300°$と(6)の$\cos(-60°)$は同じ答えとなります。

4 三角関数のグラフ

グラフで考えるとわかりやすい！

I sin θとcos θのグラフ

一般角の三角関数では，点Pのx座標は$\cos\theta$，y座標は$\sin\theta$を表します。したがって，$x=\cos\theta$，$y=\sin\theta$となります。

$\sin\theta$のグラフは，横軸をθ，縦軸をyとして，θを変化させ，それに対応する点をグラフに記入することで描くことができます。同様に，$\cos\theta$のグラフも，横軸をθ，縦軸をxとすることで描くことができます。

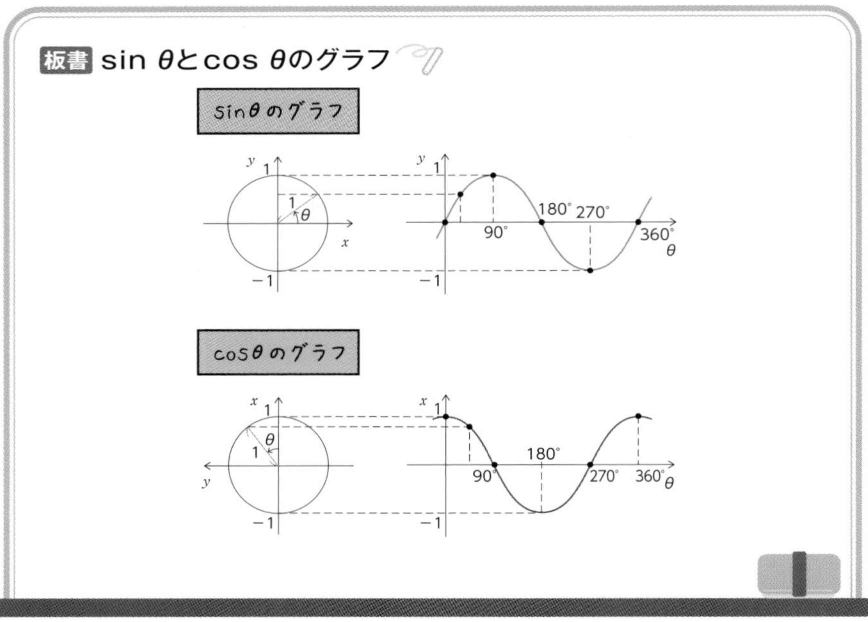

ひとこと

$y=\sin\theta$，$x=\cos\theta$のグラフは360°ごとに同じ形を繰り返します。

Ⅱ 三角関数と交流波形

交流波形は，角周波数ω（オメガ）[rad/s]，時間t[s]を用いて表されます。たとえば，電流の最大値（波高値）をI_mとすると，電流の波形は，$i = I_m \sin \omega t$[A]のように表されます。図に示すと次のようになります。なお，波形が上下1回ずつ振動して元の位置に戻ってくるまでの期間を**周期**といい，下図の交流波形の周期は2πとなります。

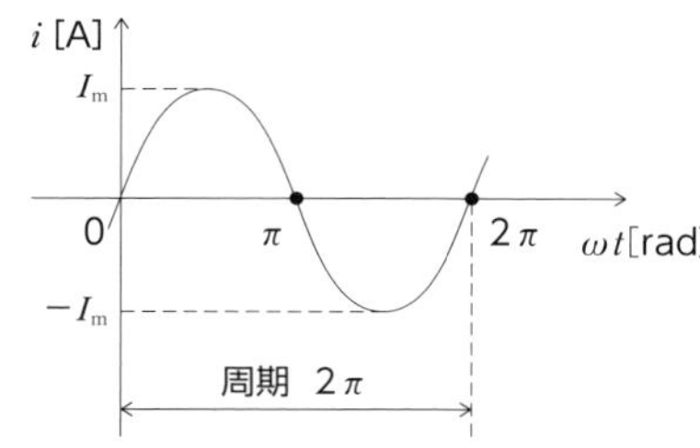

Ⅲ 位相の進み，遅れ

交流波形は一般に，波形のズレ（位相）を考えるので，$i = I_m \sin(\omega t \pm \phi)$のように表されます（ただし，$\phi > 0$）。

$i_1 = I_m \sin \omega t$ …①

$i_2 = I_m \sin(\omega t - \phi)$ …②

$i_3 = I_m \sin(\omega t + \phi)$ …③

についてグラフに表すと次のようになります。

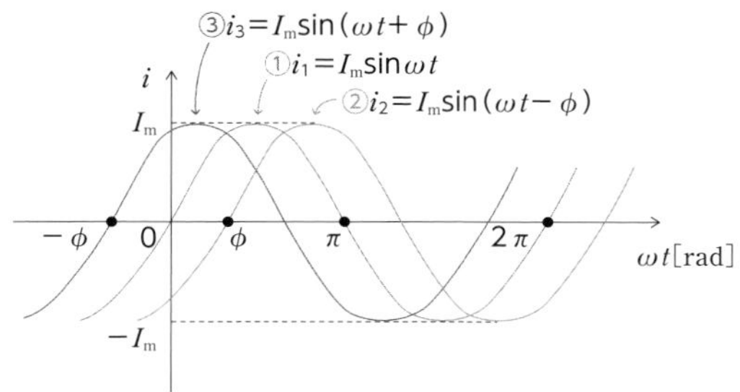

グラフから，②の波形は①の波形を右にϕ（ファイ），③の波形は①の波形を左に

ϕ（ファイ）移動させたものであることがわかります。

板書 位相の進み，遅れ

1 i_1とi_2について

$t=0$のとき，i_1, i_2の位相はそれぞれ0，$-\phi$であるから，

i_2はi_1よりも位相がϕ遅れている

2 i_1とi_3について

$t=0$のとき，i_1, i_3の位相はそれぞれ0，ϕであるから，

i_3はi_1よりも位相がϕ進んでいる

$t=0$の位相を初期位相ϕといいます。
初期位相が$+\phi$のときを進み，$-\phi$のときを遅れといいます。

5 余弦定理

ピタゴラスの定理の応用！

I 余弦定理

図のように，三角形の2つの辺a，bと，その2辺が挟む角θが与えられているとき，その角θと向かい合う辺の長さrには次の関係が成り立ちます。これを余弦定理（よげんていり）といいます。

公式 余弦定理

$$r^2 = a^2 + b^2 - 2ab\cos\theta$$

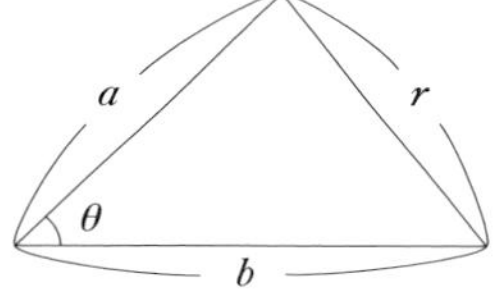

ひとこと

余弦定理の導き方

三角形ABCに，図のような補助線を引き，交点をPとすると，

$\overline{BP} = a\sin\theta$

$\overline{PA} = b - a\cos\theta$

となります。ここで，直角三角形ABPにピタゴラスの定理を適用すると，

$$\begin{aligned} r^2 &= (a\sin\theta)^2 + (b - a\cos\theta)^2 \\ &= a^2\sin^2\theta + b^2 - 2ab\cos\theta + a^2\cos^2\theta \\ &= a^2(\sin^2\theta + \cos^2\theta) + b^2 - 2ab\cos\theta \end{aligned}$$

$\sin^2\theta + \cos^2\theta = 1$であるから，辺$r$は

$$r^2 = a^2 + b^2 - 2ab\cos\theta$$

と表されます。

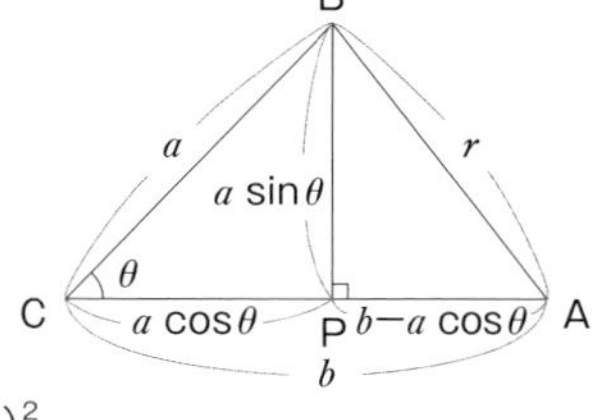

基本例題

(1) 次の三角形の辺rの長さを求めなさい。

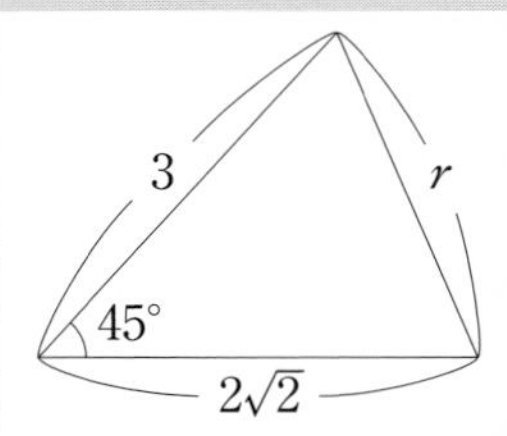

(2) 次の三角形の辺rの長さを求めなさい。

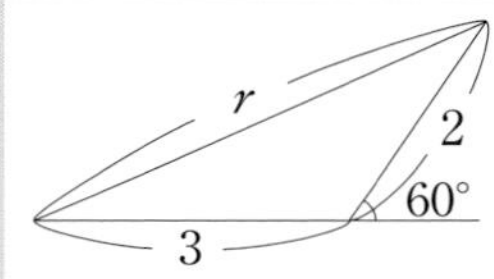

(3) 次の三角形の角θの大きさを求めなさい。

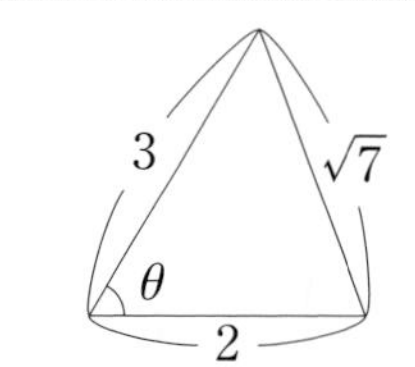

解答

(1) $r^2 = a^2 + b^2 - 2ab\cos\theta$

$= 3^2 + (2\sqrt{2})^2 - 2\cdot3\cdot2\sqrt{2}\cos 45°$ ⟵ $\cos 45° = \frac{1}{\sqrt{2}}$

$= 9 + 8 - 12$

$= 5$

よって，$r = \sqrt{5}$ …答

(2) 辺rに向かい合う角は，$180° - 60° = 120°$であるから，図のようにa，b，θを定めると，

$$
\begin{aligned}
r^2 &= a^2 + b^2 - 2ab\cos\theta \\
&= 3^2 + 2^2 - 2\cdot3\cdot2\cos 120° \quad \longleftarrow \cos 120° = -\frac{1}{2} \\
&= 9 + 4 + 6 \\
&= 19
\end{aligned}
$$

よって，$r = \sqrt{19}$…答

ひとこと

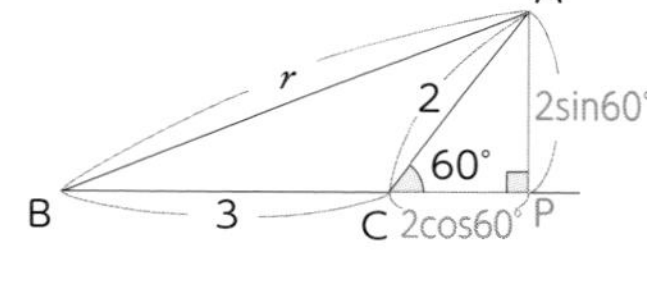

図のように，三角形ABCに補助線を描き入れると，

AP＝2sin 60°
CP＝2cos 60°

ここで，直角三角形ABPにピタゴラスの定理を適用すると，

$$
\begin{aligned}
r^2 &= (3+2\cos 60°)^2 + (2\sin 60°)^2 \\
&= 9 + 12\cos 60° + 4\cos^2 60° + 4\sin^2 60° \\
&= 9 + 12\cdot\frac{1}{2} + 4(\underbrace{\cos^2 60° + \sin^2 60°}_{1}) \\
&= 9 + 6 + 4 \\
&= 19
\end{aligned}
$$

このように，余弦定理はピタゴラスの定理がもとになっているので，ピタゴラスの定理だけでもrの値を求めることができます。

(3)

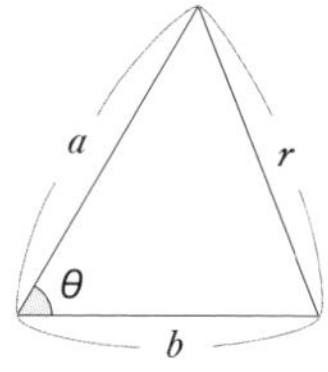

図のような三角形において，a，b，r，θの関係は，余弦定理より，

$$r^2 = a^2 + b^2 - 2ab\cos\theta$$

であるから，

$$\cos\theta = \frac{a^2 + b^2 - r^2}{2ab}$$

$a = 3$, $b = 2$, $r = \sqrt{7}$を代入すると,

$$\cos\theta = \frac{3^2 + 2^2 - (\sqrt{7})^2}{2 \cdot 3 \cdot 2} = \frac{9 + 4 - 7}{12} = \frac{1}{2}$$

$\cos\theta = \frac{1}{2}$となるのは60°または−60°のときなので, $\theta = 60°$…答

6 加法定理

三角関数の公式!

I 加法定理

これまで学習してきた三角関数の知識を用いると加法定理(かほうていり)が成り立つことがわかります。

公式 加法定理

$$\sin(\alpha \pm \beta) = \sin\alpha\cos\beta \pm \cos\alpha\sin\beta$$
$$\cos(\alpha \pm \beta) = \cos\alpha\cos\beta \mp \sin\alpha\sin\beta$$

基本例題 加法定理

加法定理を用いて次の式が成り立つことを証明しなさい。

$\cos(180° - \theta) = -\cos\theta$

解答

$\cos(180° - \theta)$

$= \cos 180° \cos\theta + \sin 180° \sin\theta$

$= -1 \cdot \cos\theta + 0 \cdot \sin\theta$

$= -\cos\theta$…答

Ⅱ 倍角の公式・半角の公式

加法定理からは，倍角(ばいかく)の公式や半角(はんかく)の公式などいろいろな式を導くことができます。

公式 倍角の公式

$$\sin 2\alpha = 2\sin\alpha\cos\alpha$$

$$\cos 2\alpha = \cos^2\alpha - \sin^2\alpha$$
$$= 1 - 2\sin^2\alpha = 2\cos^2\alpha - 1$$

加法定理において，$\alpha = \beta$とすると，倍角の公式が得られます。
$\cos 2\alpha$は$\sin^2\alpha + \cos^2\alpha = 1$を用いることで変形することができます。

公式 半角の公式

$$\sin^2\frac{\alpha}{2} = \frac{1 - \cos\alpha}{2}$$

$$\cos^2\frac{\alpha}{2} = \frac{1 + \cos\alpha}{2}$$

ひとこと

倍角の公式より，$\sin^2\alpha = \dfrac{1 - \cos 2\alpha}{2}$，$\cos^2\alpha = \dfrac{1 + \cos 2\alpha}{2}$と表すことができます。

さらに，αを$\dfrac{\alpha}{2}$に置き換えると，上記の半角の公式が得られます。

Ⅲ 三角関数の合成

加法定理を使うことで $a\sin\theta+b\cos\theta$ を sin または cos だけでまとめることができます。

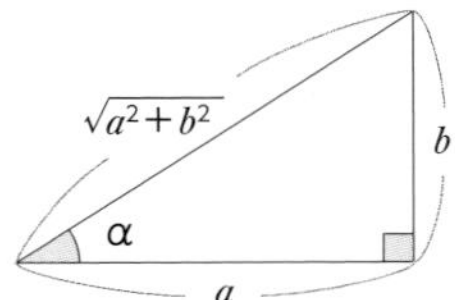

図のような直角三角形を考えると，$\cos\alpha=\dfrac{a}{\sqrt{a^2+b^2}}$，$\sin\alpha=\dfrac{b}{\sqrt{a^2+b^2}}$ と表されます。よって，$a\sin\theta+b\cos\theta$ は

$$a\sin\theta+b\cos\theta$$

$$=\sqrt{a^2+b^2}\cdot\frac{a}{\sqrt{a^2+b^2}}\cdot\sin\theta+\sqrt{a^2+b^2}\cdot\frac{b}{\sqrt{a^2+b^2}}\cdot\cos\theta$$

$$=\sqrt{a^2+b^2}\,(\cos\alpha\sin\theta+\sin\alpha\cos\theta)$$

ここで，加法定理を使うと，

$$\sqrt{a^2+b^2}\sin(\theta+\alpha)$$

よって，$a\sin\theta+b\cos\theta=\sqrt{a^2+b^2}\sin(\theta+\alpha)$

となり，sin の形にまとめることができます。

SECTION 07 試験問題にチャレンジ

立体角

点光源から，ある立体角中に300 lmの光束が放射されている。その方向の光度が2 000 cdであるとすると，立体角ω[sr]の大きさはいくらか。正しい値を次の(1)〜(5)から選べ。ただし，光束F[lm] = 光度I[cd] × 立体角ω[sr]が成り立つものとする。

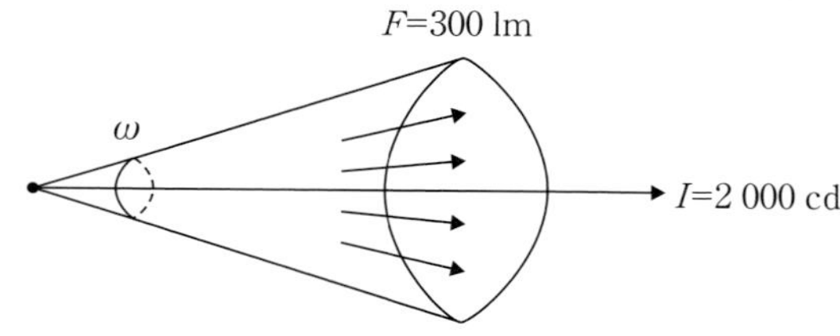

(1)　0.05　　(2)　0.1　　(3)　0.15　　(4)　0.2　　(5)　0.25

解答

光束F[lm] = 光度I[cd] × 立体角ω[sr]より，

$$\omega = \frac{F}{I} = \frac{300}{2000} = 0.15\ \mathrm{sr}$$

よって，(3)が正解。

答…　(3)

有効電力

電流$\dot{I}$[A]と電圧$\dot{V}$[V]が図のように表されるとき，有効電力P[W]は

$$P = VI\cos\theta \ [\mathrm{W}]$$

で計算される。電圧$V = 4$ V，電流$I = 2$ A，力率角$\theta = 60°$のとき，有効電力P[W]の値はいくらか。正しい値を次の(1)〜(5)から選べ。

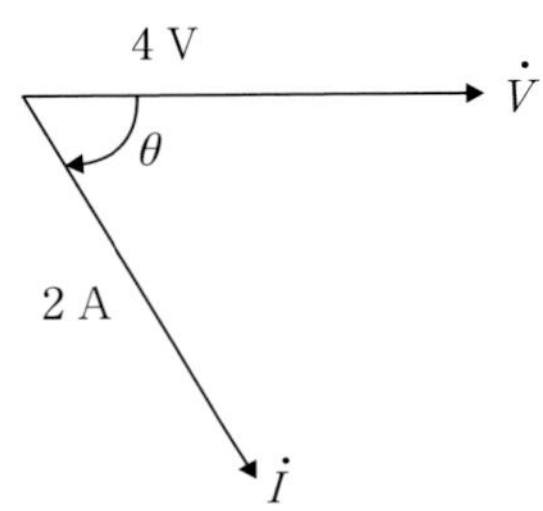

(1)　1　　(2)　2　　(3)　3　　(4)　4　　(5)　5

解答

$P = VI\cos\theta$ [W]より，

$$P = VI\cos\theta = 4 \times 2 \times \cos 60°$$

$\cos 60° = \dfrac{1}{2}$より，

$$P = 4 \times 2 \times \frac{1}{2} = 4 \text{ W}$$

よって，(4)が正解。

答… (4)

三電流計法

図のように電流計を3個接続した回路で負荷の力率を$\cos\theta = 0.7$とするとき，電流計A_2とA_3の指示値はそれぞれ8 A，12 Aであった。このとき，電流計A_1の指示値[A]はおよそいくらか。正しい値を次の(1)〜(5)から選べ。

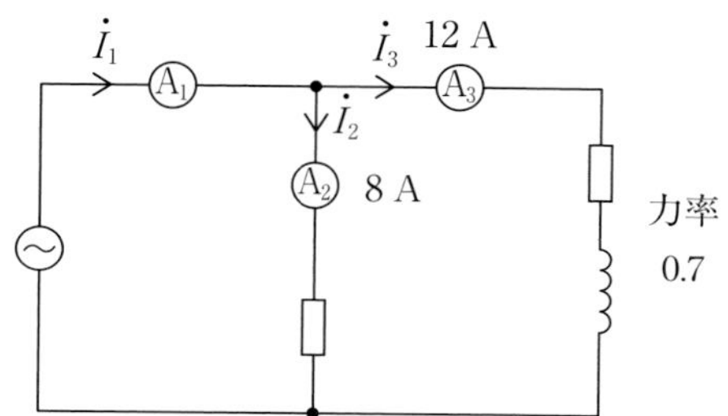

なお，回路のベクトル図を描くと次のようになる。

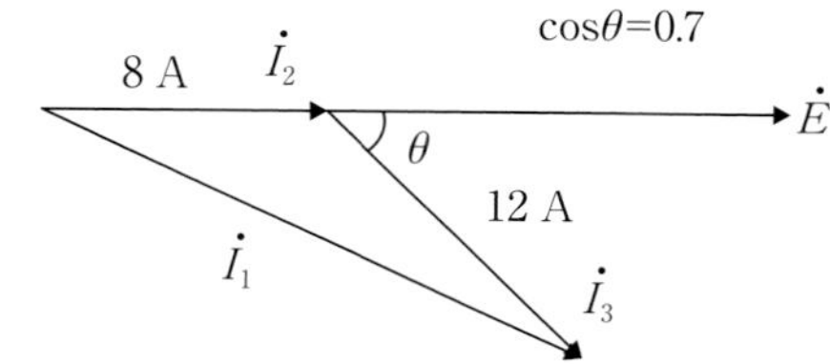

(1) 16　　(2) 18.5　　(3) 21　　(4) 23.5　　(5) 26

解答

ベクトル図より，$|\dot{I}_1|$を求める。余弦定理より，

$$|\dot{I}_1|^2 = 8^2 + 12^2 - 2\cdot 8\cdot 12\cos(180 - \theta)$$

$\cos(180° - \theta) = -\cos\theta$であるから，

$$|\dot{I}_1|^2 = 8^2 + 12^2 + 2\cdot 8\cdot 12\cos\theta$$

$\cos\theta = 0.7$であるから，

$$\begin{aligned}|\dot{I}_1|^2 &= 8^2 + 12^2 + 2\cdot 8\cdot 12\cdot 0.7\\ &= 64 + 144 + 134.4\\ &= 342.4\end{aligned}$$

したがって，$|\dot{I}_1| = \sqrt{342.4} \fallingdotseq 18.5$ A

答… (2)

電流の実効値

次の式で与えられる電流の実効値I[A]はいくらか。正しい値を次の(1)～(5)から選べ。ただし，実効値$=\dfrac{最大値}{\sqrt{2}}$である。

$$i = 6\sqrt{6}\sin\omega t + 6\sqrt{2}\cos\omega t[\mathrm{A}]$$

(1)　6　　(2)　8　　(3)　10　　(4)　12　　(5)　14

解答

図のような直角三角形を考えると，

$$\begin{aligned} i &= 6\sqrt{6}\sin\omega t + 6\sqrt{2}\cos\omega t \\ &= 12\sqrt{2}\times\frac{\sqrt{3}}{2}\sin\omega t + 12\sqrt{2}\times\frac{1}{2}\cos\omega t \\ &= 12\sqrt{2}\,(\cos 30^\circ \sin\omega t + \sin 30^\circ \cos\omega t) \\ &= 12\sqrt{2}\sin(\omega t + 30^\circ) \end{aligned}$$

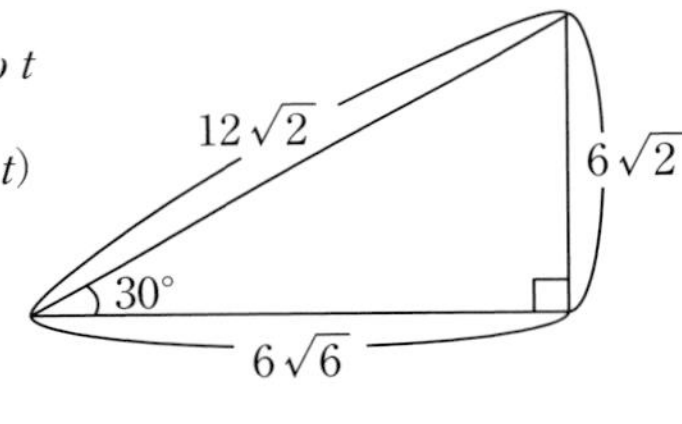

となり，最大値が$12\sqrt{2}$であることがわかります。

したがって，電流の実効値Iは，

$$I = \frac{12\sqrt{2}}{\sqrt{2}} = 12\ \mathrm{A}$$

答…　(4)

SECTION 08 ベクトル

このSECTIONで学習すること

1 ベクトルの表し方

- ベクトルとは
- ベクトルの性質

2 ベクトルの計算

- ベクトルの実数倍
- ベクトルの足し算
- ベクトルの引き算

3 ベクトルの座標表示

- 直交座標表示
- 極座標表示

1 ベクトルの表し方

ベクトルとは大きさ＋向き！

Ⅰ ベクトルとは

ベクトルとは，力や速度のように，大きさと向きを持っている量のことを指します。これに対し，長さや質量のように，大きさだけ持っている量をスカラといいます。

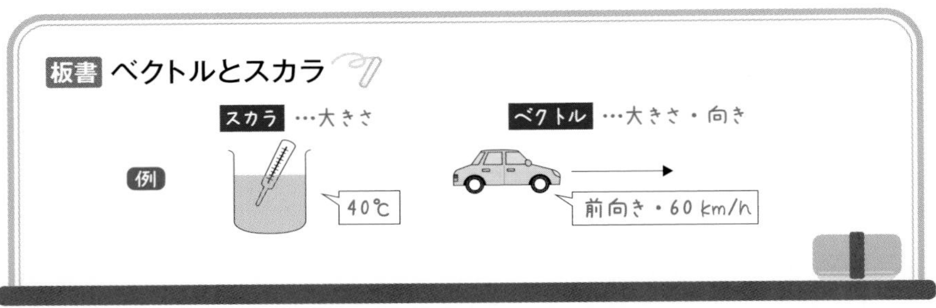

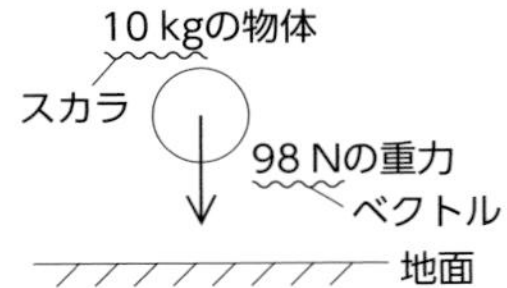

上図のようにベクトルは矢印のついた線分で表され，線分の長さが大きさ（上図では98 N）を，矢印の方向が向き（上図では鉛直下向き）を表します。

また，線分OAにおいて，点Oを始点，点Aを終点といい，このベクトルは$\overrightarrow{\mathrm{OA}}$と表します。なお，電気工学ではベクトルは$\dot{A}$（エードット）のように，矢印ではなくドットをつけて表すことが基本となっています。

なお，ベクトルの大きさだけを表すときは，絶対値記号をつけ，$|\dot{A}|$と書くか，ドットをとって単にAと書きます。本書では，Aと表記します。

ひとこと

絶対値とは，数直線上のある点と原点との距離を示したものです。|5|のように|　|で数字を囲んで示します。距離であるため，マイナスになることはありません。たとえば，|5|＝5ですが，|－5|＝5になります。

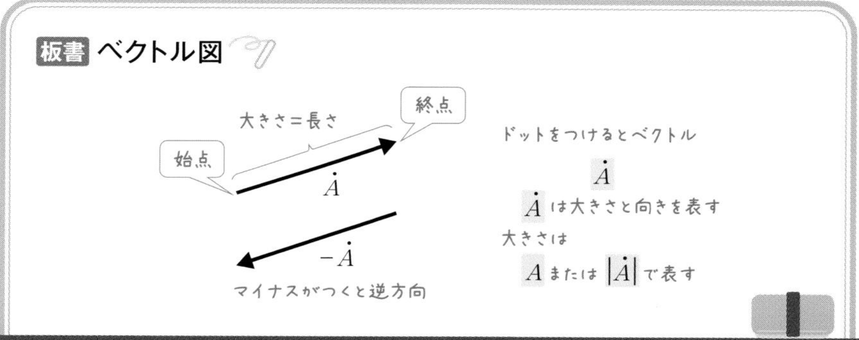

基本例題 ベクトル 1

右図において方眼1目盛りを1とした場合，次のベクトルの大きさを求めなさい。

(1)　ベクトル$\dot{A}$の大きさ

(2)　ベクトル$\dot{B}$の大きさ

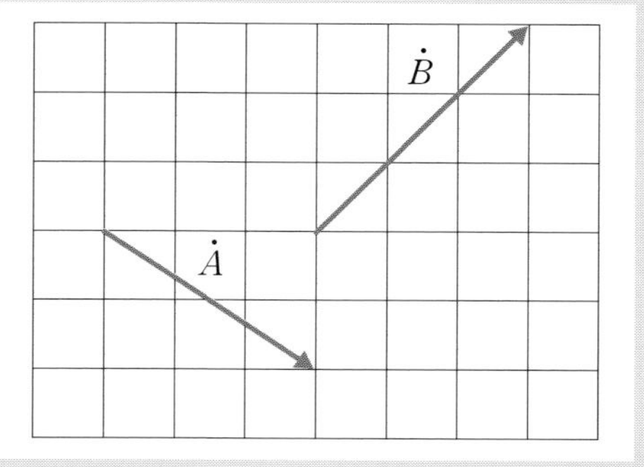

解答

(1)　ピタゴラスの定理より，$A=\sqrt{2^2+3^2}=\sqrt{13}$…答

(2)　同様に，$B=\sqrt{3^2+3^2}=\sqrt{18}=3\sqrt{2}$…答

Ⅱ ベクトルの性質

1 等しいベクトル

ベクトル$\dot{A}$とベクトル$\dot{B}$の大きさと向きが同じであるとき，$\dot{A}$と$\dot{B}$は等しいといい，$\dot{A}=\dot{B}$と表します。

2 逆ベクトル

ベクトル$\dot{A}$と大きさが等しく，向きが反対であるベクトルを$\dot{A}$の逆ベクトルといい，$-\dot{A}$と表します。

3 零ベクトル

大きさがゼロであるベクトルのことを零ベクトルといい，$\dot{0}$で表します。ただし，大きさを持たない点であるため，向きは考えません。

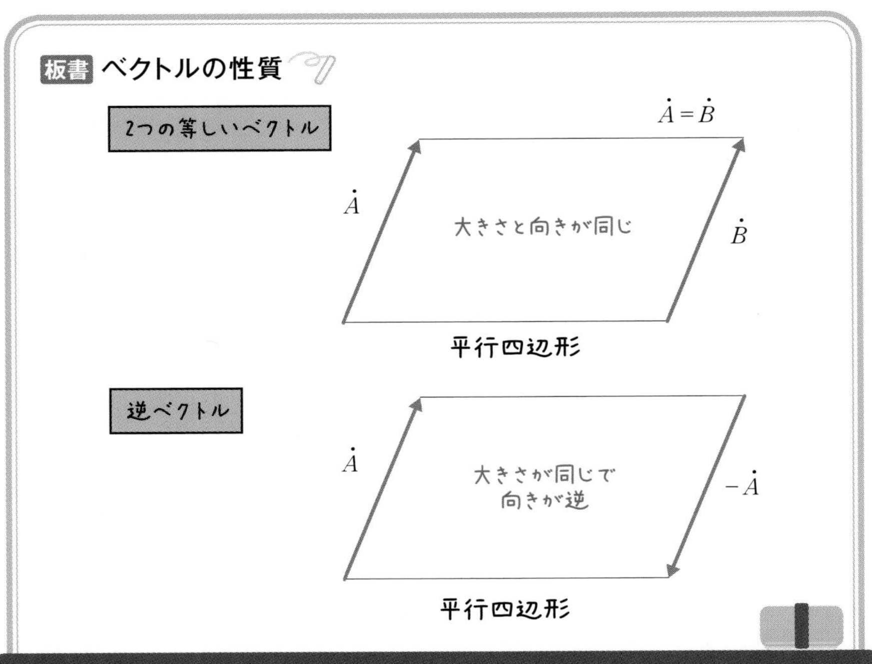

2 ベクトルの計算

ベクトルの足し算・引き算は図で考えよう！

I ベクトルの実数倍

$m>0$のとき，$m\dot{A}$は大きさが$\dot{A}$のm倍で，向きは$\dot{A}$と同じベクトルとなります。$m<0$のときは，大きさが$\dot{A}$の$|m|$倍で，向きは$\dot{A}$と反対のベクトルとなります。$m=0$のときは，$m\dot{A}=0$です。

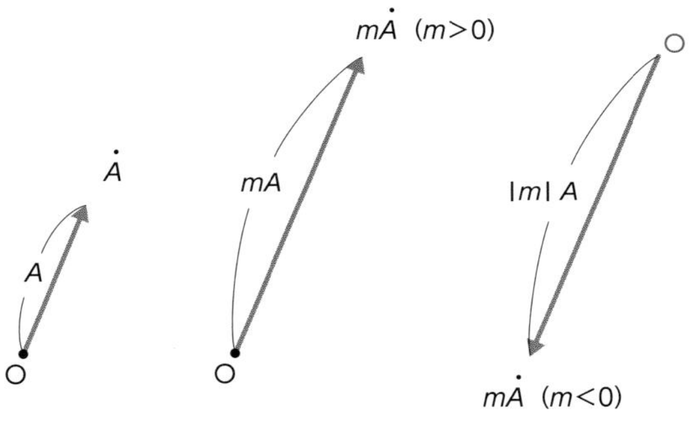

II ベクトルの足し算

図のような平行四辺形，または三角形を作図することによりベクトルを足し合わせることができます。

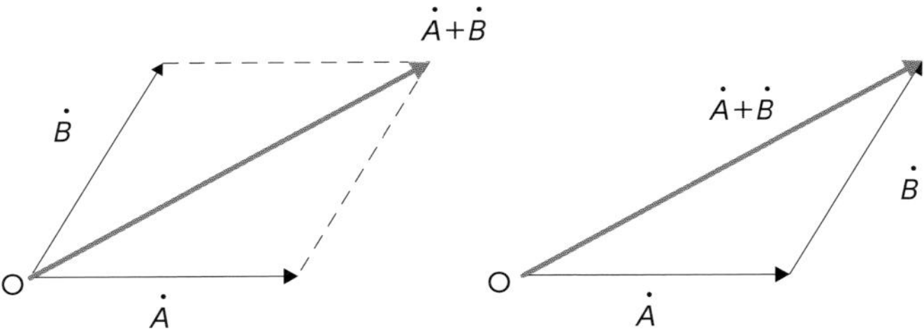

Ⅲ ベクトルの引き算

ベクトルの引き算は，$\dot{A}-\dot{B}=\dot{A}+(-\dot{B})$と考えます。図のように，$\dot{B}$の逆ベクトル$-\dot{B}$を描き，$\dot{A}$と$-\dot{B}$の足し算をして求めます。

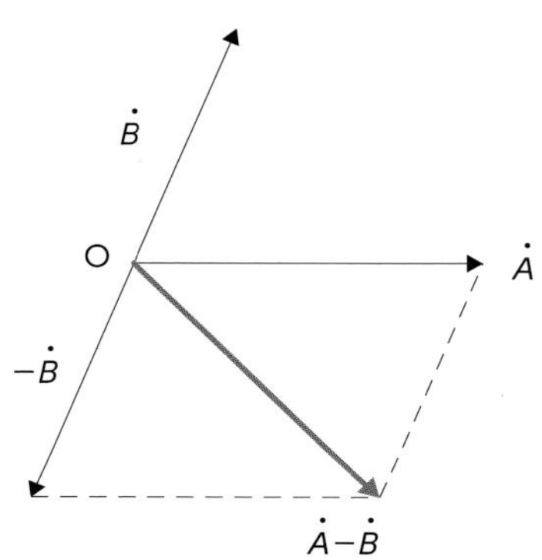

基本例題 ベクトル 2

図のような 3 つのベクトル$\dot{A}$，$\dot{B}$，$\dot{C}$がある。次のベクトルを作図しなさい。

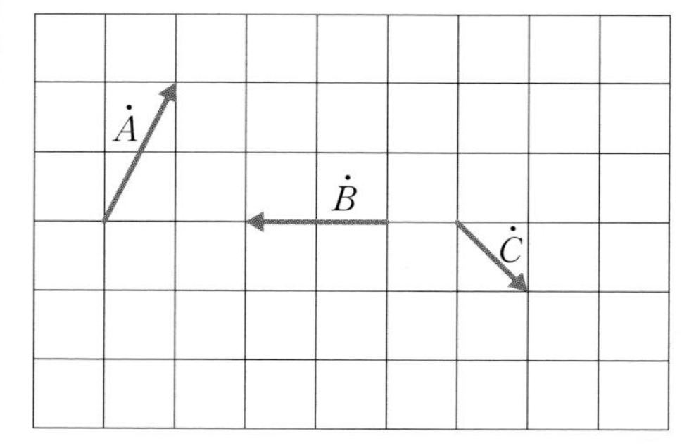

(1) $\dot{A}+\dot{B}$　　(2) $\dot{A}-\dot{C}$

(3) $2\dot{A}-3\dot{B}$

解答

(1) ベクトル$\dot{B}$を平行移動して，平行四辺形をつくると，その対角線が$\dot{A}+\dot{B}$となります。

また，ベクトル$\dot{B}$の始点をベクトル$\dot{A}$の終点に移動させ，$\dot{A}$の始点と$\dot{B}$

の終点を結ぶことで$\dot{A}+\dot{B}$とすることもできます。

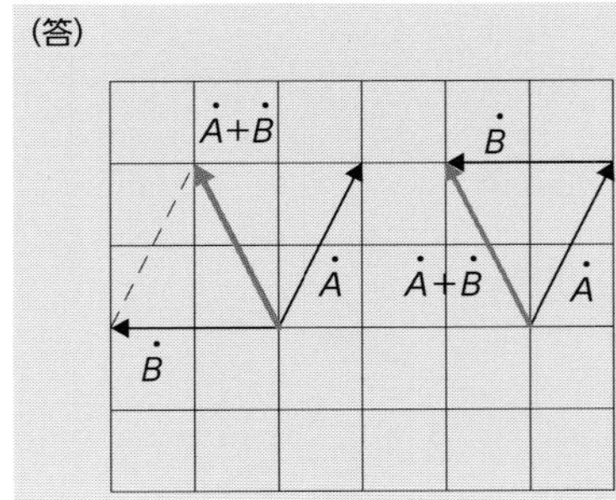

(2)　$\dot{C}$の逆ベクトル$-\dot{C}$を描き，$\dot{A}$と$-\dot{C}$の足し算をして$\dot{A}-\dot{C}$を作図します。

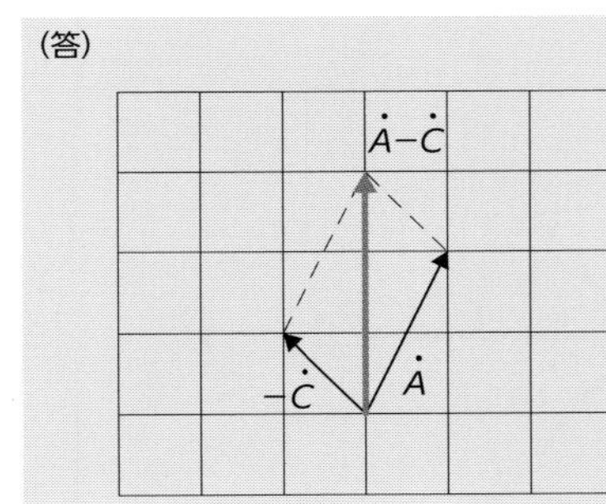

(3)　ベクトルの実数倍の性質を利用します。大きさが$\dot{A}$の2倍で，向きが$\dot{A}$と同じベクトル$2\dot{A}$と，大きさが$\dot{B}$の3倍で，向きが$\dot{B}$と反対であるベクトル$-3\dot{B}$を描き，$-3\dot{B}$を平行移動することで，$2\dot{A}-3\dot{B}$を作図します。

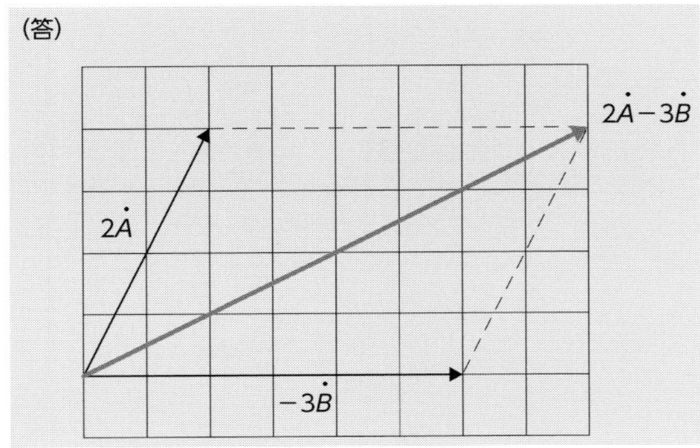

ⅡとⅢをまとめると以下のとおりです。

板書 ベクトルの合成（足し算と引き算）

足し算

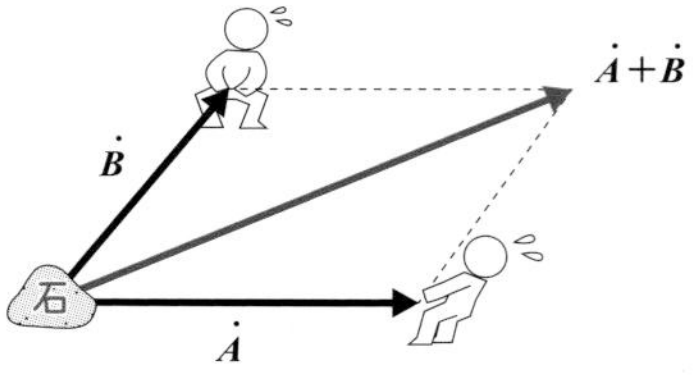

ベクトルの足し算は平行四辺形をつくるとよい

引き算

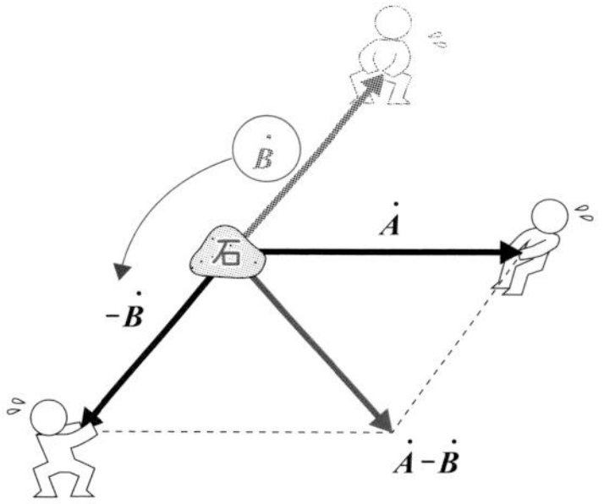

引き算は，逆向きベクトルと合成する

力のつり合い

物体に複数の力が働いていても物体が静止しているとき，力はつり合っているといいます。物体に働く力は，大きさと向きを持つベクトルで表すことができます。

3 ベクトルの座標表示

ベクトルを座標で考えよう！

I 直交座標表示

始点を原点Oとしたベクトルを位置ベクトルといいます。

図のような直交座標の位置ベクトルはx成分とy成分を用いて，$\dot{A}=(a, b)$のように表すことができます。これを**ベクトルの直交座標表示**（ちょっこうざひょうひょうじ）といいます。

なお，ベクトル$\dot{A}$の大きさはピタゴラスの定理より，

$$A=\sqrt{a^2+b^2}$$

となります。

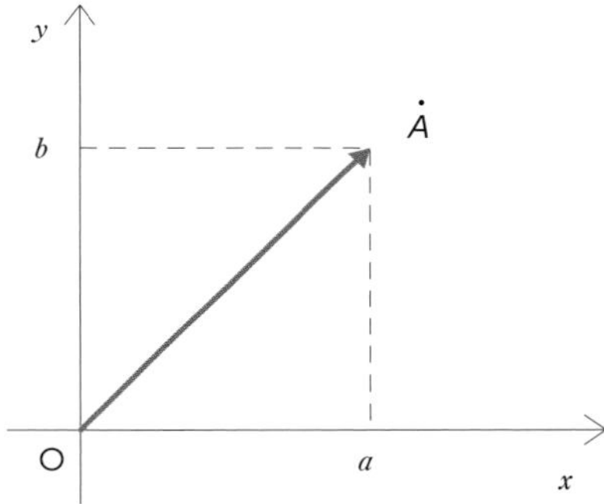

II 極座標表示

図のように，大きさAおよび始線となす角ϕによってベクトル$\dot{A}$の位置を表すものを**ベクトルの極座標表示**（きょくざひょうひょうじ）といいます。

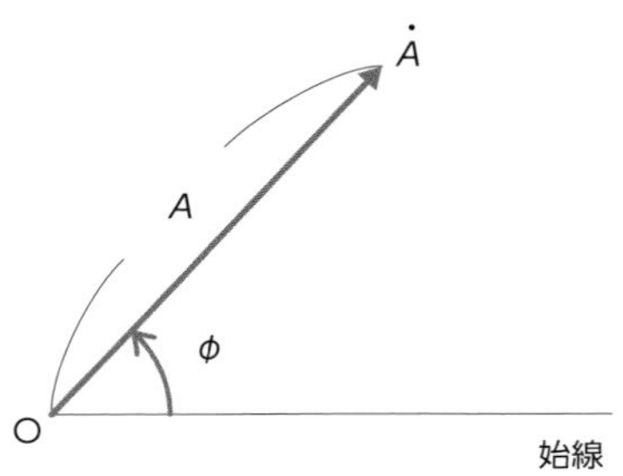

板書 直交座標表示と極座標表示

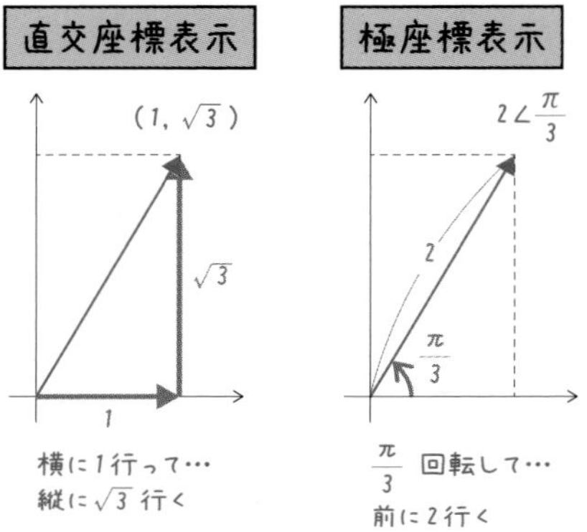

直交座標表示

$(1, \sqrt{3})$

$\sqrt{3}$

1

横に1行って…
縦に$\sqrt{3}$行く

極座標表示

$2\angle\frac{\pi}{3}$

2

$\frac{\pi}{3}$

$\frac{\pi}{3}$回転して…
前に2行く

SECTION 08 試験問題にチャレンジ

クーロンの法則

図のような直角三角形の頂点Aに10 μC，頂点Bに20 μC，頂点Cに30 μCの点電荷がそれぞれおかれている。C点の電荷に働く力[N]はいくらか。正しい値を次の(1)～(5)から選べ。

ただし，r[m]離れたQ_1[C]とQ_2[C]の点電荷にはクーロンの法則により，次の力が働く。

$$F = 9 \times 10^9 \times \frac{Q_1 Q_2}{r^2} \text{[N]}$$

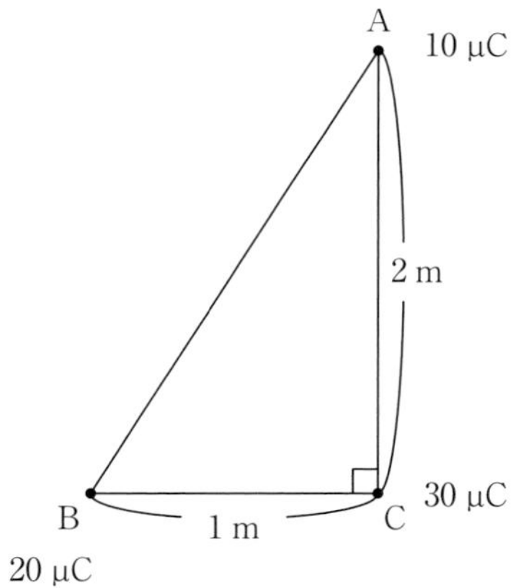

(1) 4.8　(2) 5.1　(3) 5.4　(4) 5.7　(5) 6.0

解答

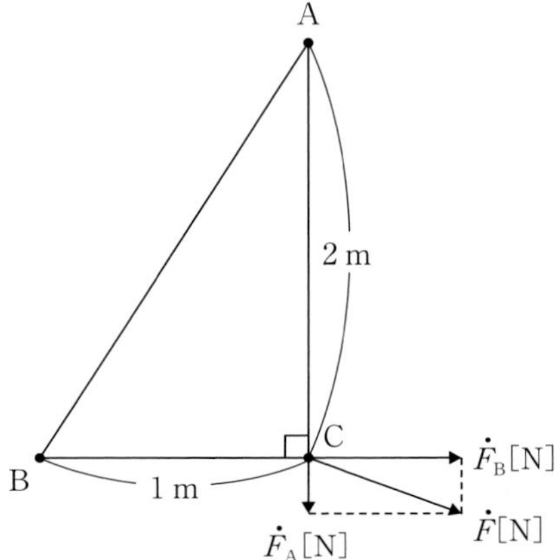

A点からC点に働く力$\dot{F}_A$[N]とB点からC点に働く力$\dot{F}_B$[N]の向きは上図のようになります。

A点から働く力の大きさF_A[N]はクーロンの法則より，

$$F_A = 9 \times 10^9 \times \frac{10 \times 10^{-6} \cdot 30 \times 10^{-6}}{2^2} = 9 \times 10^9 \times 300 \times 10^{-12} \times \frac{1}{4}$$

$$= 0.675 \text{ N}$$

同様に，B点から働く力の大きさF_B[N]は，

$$F_B = 9 \times 10^9 \times \frac{20 \times 10^{-6} \cdot 30 \times 10^{-6}}{1^2} = 9 \times 10^9 \times 600 \times 10^{-12}$$

$$= 5.4 \text{ N}$$

この2つの合成力F[N]はF_AとF_Bのベクトルの足し算であるから，その大きさは，

$$F = \sqrt{F_A^2 + F_B^2}$$

$$= \sqrt{0.675^2 + 5.4^2} \fallingdotseq 5.4 \text{ N}$$

R-C並列回路

図の交流回路において，抵抗に流れる電流を$i_R = 5\sqrt{2}\sin\omega t$[A]，コンデンサに流れる電流を$i_C = 5\sqrt{2}\sin(\omega t + 90°)$[A]とすると，合成電流$i = i_R + i_C$の実効値[A]はいくらか。正しい値を次の(1)〜(5)から選べ。

ただし，実効値$=\dfrac{最大値}{\sqrt{2}}$である。

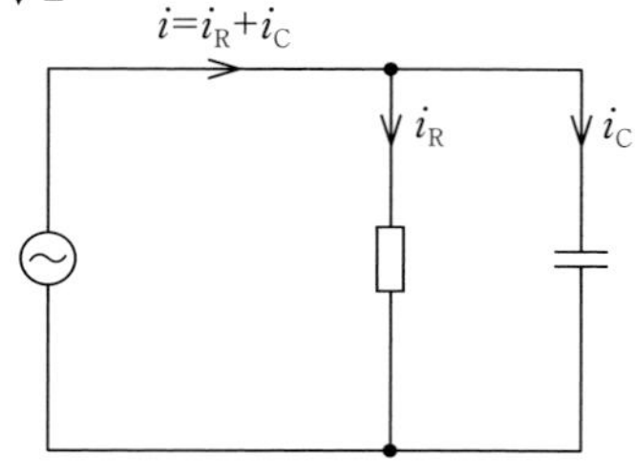

(1) 6　　(2) 7　　(3) 8　　(4) 9　　(5) 10

解答

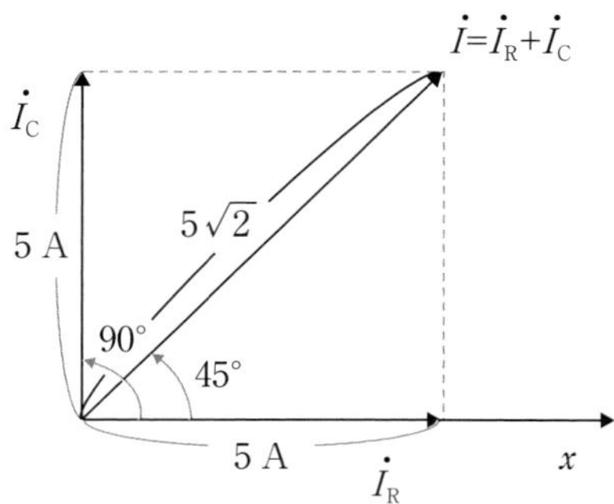

上図のように，ベクトル$\dot{I}_R$とベクトル$\dot{I}_C$を作図します。$\dot{I}_R$の大きさは実効値の5 Aで，向きはx軸方向の正の向きとします。一方，$\dot{I}_C$の大きさは実効値の5 Aですが，向きは$\dot{I}_R$より90°進んだ向きとなります。

$\dot{I}_R$と$\dot{I}_C$を合成すると，$\dot{I}$は大きさが$5\sqrt{2}$，向きは$\dot{I}_R$よりも45°進んだ向きのベクトルとなります。

以上より，合成電流i[A]の実効値は，$5\sqrt{2} \fallingdotseq 7.07 \rightarrow 7$ A

答… (2)

SECTION 09

複素数

このSECTIONで学習すること

1 複素数

・複素数とは

2 複素平面

・複素平面

3 複素数の絶対値と共役複素数

・複素数の大きさ
・共役複素数
・絶対値と共役複素数の関係
・絶対値の関係式

4 複素数の計算

・複素数の計算

5 複素数のいろいろな表し方

・複素数の表示形式

1 複素数

2乗すると－1になる数のこと！

Ⅰ 複素数とは

2乗すると－1になる数を**虚数単位**（きょすうたんい）といい，jで表します。

$$j^2 = -1$$

虚数単位jを使うと$\sqrt{-a}$は

$$\sqrt{-a} = \sqrt{-1} \times \sqrt{a} = j\sqrt{a}$$

と表現できます。

一般に，$a + jb$の形で表される数を**複素数**（ふくそすう）といいます。複素数のうち，aを**実部**（じつぶ），bを**虚部**（きょぶ）といいます。

板書 複素数

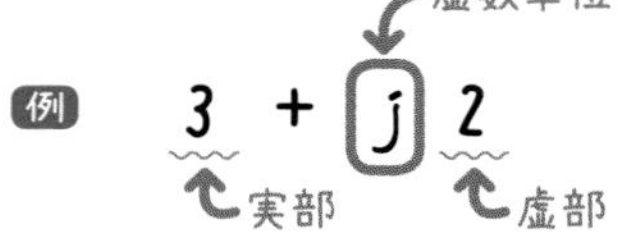

ひとこと

一般に数学では虚数単位としてiを使いますが，電気工学では電流の記号（I，i）と紛らわしいのでjを用いて表します。

基本例題 複素数

次の数を虚数単位jを用いて表しなさい。

(1) $\sqrt{-3}$　　(2) $\sqrt{-18}$

解答

(1) $\sqrt{-3} = \sqrt{-1} \times \sqrt{3} = j\sqrt{3}$ …答

(2) $\sqrt{-18} = \sqrt{-1} \times 3\sqrt{2} = j3\sqrt{2}$ …答

2 複素平面

複素数を座標で考えよう！

Ⅰ 複素平面

x軸に実部，y軸に虚部を対応させて，複素数を表したものを**複素平面**（ふくそへいめん）といいます。

下の板書のように複素数$\dot{A}=a+\mathrm{j}b$は，始点を原点O，終点のx軸成分をa，y軸成分をbとするベクトルで表現できます。一般に電気工学では，複素数とベクトルが対応していることを利用し，$\dot{A}$で表します。

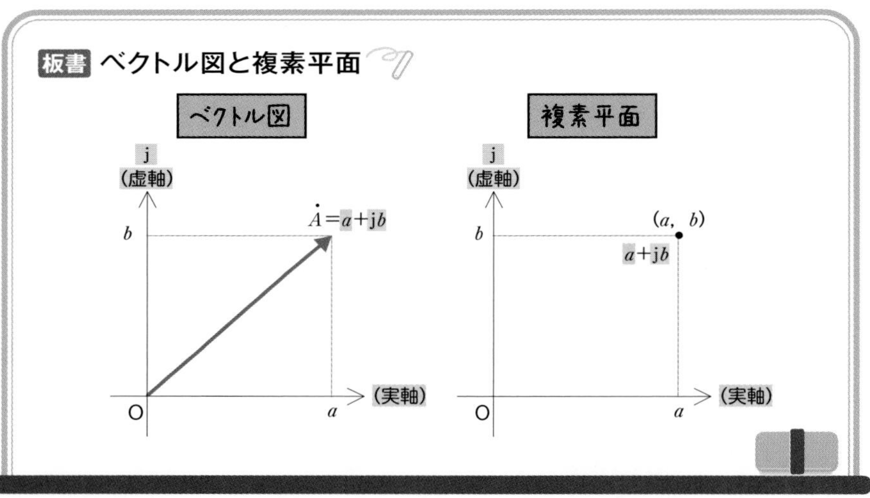

基本例題

複素平面

次の複素数で表されるベクトルを，複素平面上に図示しなさい。

(1) $\dot{A}=1$　　(2) $\dot{B}=\mathrm{j}$

(3) $\dot{C}=1+\mathrm{j}$

解答

(1) $\dot{A}$は始点が原点，終点が実部＝1，虚部＝0となるベクトルを図示します。

(2) $\dot{B}$は始点が原点，終点が実部＝0，虚部＝1となるベクトルを図示します。

(3) $\dot{C}$は始点が原点，終点が実部＝1，虚部＝1となるベクトルを図示します。

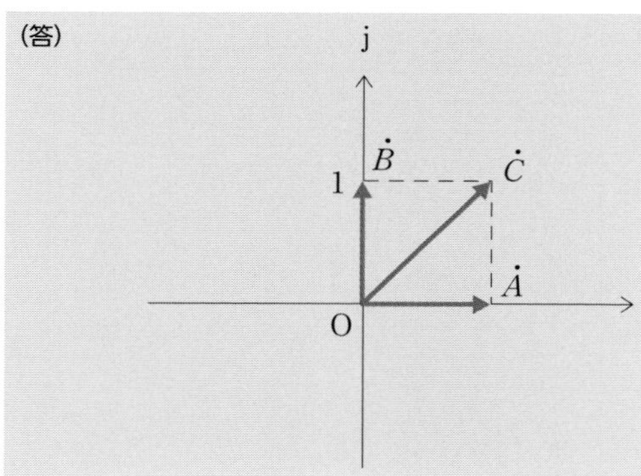

3 複素数の絶対値と共役複素数 さまざまな複素数の特徴を押さえよう！

I 複素数の大きさ

図に示される$\dot{A}=a+\mathrm{j}b$の複素数の大きさは，

$$|\dot{A}|=\sqrt{a^2+b^2}$$

となります。これを複素数の絶対値といいます。

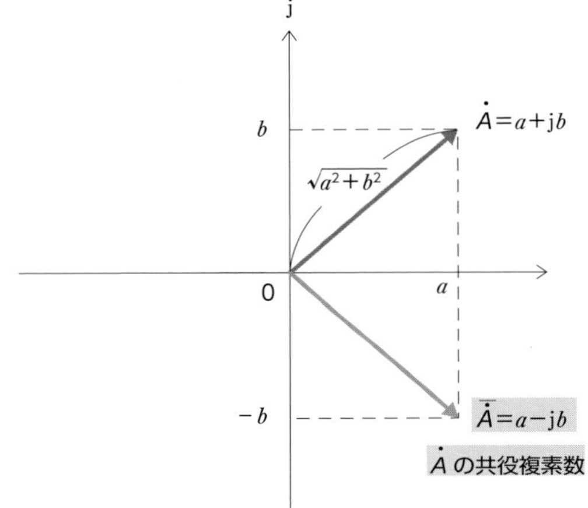

II 共役複素数

$\dot{A}=a+\mathrm{j}b$に対して，虚部の±符号を反対にした$a-\mathrm{j}b$を$\dot{A}$の共役（きょうやく）複素数といい，$\overline{\dot{A}}$で表します。これは上図に示すように，x軸に対して線対称の関係にあります。

III 絶対値と共役複素数の関係

ある複素数($\dot{A}=a+\mathrm{j}b$）とその共役複素数（$\overline{\dot{A}}=a-\mathrm{j}b$）を掛けると，

$$\dot{A}\cdot\overline{\dot{A}}=(a+\mathrm{j}b)(a-\mathrm{j}b)=a^2+b^2=(\sqrt{a^2+b^2})^2=|\dot{A}|^2$$

となり，その複素数の大きさの2乗の値となります。

Ⅳ 絶対値の関係式

複素数の絶対値には次の関係式が成り立ちます。

公式 複素数の絶対値

$$|\dot{A}\cdot\dot{B}| = |\dot{A}|\cdot|\dot{B}|$$

$$\left|\frac{\dot{A}}{\dot{B}}\right| = \frac{|\dot{A}|}{|\dot{B}|}$$

基本例題 複素数の絶対値と共役複素数

次の複素数の絶対値と共役複素数を求めなさい。

$$\dot{A} = 4 + j3$$

解答

絶対値：$|\dot{A}| = \sqrt{4^2 + 3^2}$

$= \sqrt{25} = 5$ …答

共役複素数：$\overline{\dot{A}} = 4 - j3$…答

4 複素数の計算

複素数の計算方法を押さえよう！

I 複素数の計算

jを含む式の計算は，jを普通の文字のように考えて計算します。

公式 複素数の計算

足し算… $(a+\mathrm{j}b)+(c+\mathrm{j}d)=(a+c)+\mathrm{j}(b+d)$

引き算… $(a+\mathrm{j}b)-(c+\mathrm{j}d)=(a-c)+\mathrm{j}(b-d)$

掛け算… $(a+\mathrm{j}b)\cdot(c+\mathrm{j}d)=ac+\mathrm{j}ad+\mathrm{j}bc+\mathrm{j}^2bd$
$=(ac-bd)+\mathrm{j}(ad+bc)$

j^2は−1におき換えて計算します

割り算… $\dfrac{a+\mathrm{j}b}{c+\mathrm{j}d}=\dfrac{(a+\mathrm{j}b)(c-\mathrm{j}d)}{(c+\mathrm{j}d)(c-\mathrm{j}d)}=\dfrac{ac+bd}{c^2+d^2}+\mathrm{j}\dfrac{bc-ad}{c^2+d^2}$

割る数（c＋jd）の共役複素数（c－jd）を分母・分子に掛けることで有理化できます

基本例題 複素数の計算

$\dot{A}=2+\mathrm{j}5$，$\dot{B}=3-\mathrm{j}$のとき，次の計算をしなさい。

(1) $\dot{A}+\dot{B}$　　(2) $\dot{A}-\dot{B}$

(3) $\dot{A}\cdot\dot{B}$　　(4) $\dfrac{\dot{A}}{\dot{B}}$

解答

(1) $\dot{A}+\dot{B}=(2+\mathrm{j}5)+(3-\mathrm{j})$
$=(2+3)+\mathrm{j}(5-1)$
$=5+\mathrm{j}4$…答

(2) $\dot{A}-\dot{B}=(2+\mathrm{j}5)-(3-\mathrm{j})$
$=(2-3)+\mathrm{j}(5+1)$
$=-1+\mathrm{j}6$…答

(3) $\dot{A} \cdot \dot{B} = (2 + \mathrm{j}5) \cdot (3 - \mathrm{j})$

$$= 6 - \mathrm{j}2 + \mathrm{j}15 + 5$$

$$= (6 + 5) + \mathrm{j}(-2 + 15)$$

$$= 11 + \mathrm{j}13$$ …答

(4) $\dfrac{\dot{A}}{\dot{B}} = \dfrac{2 + \mathrm{j}5}{3 - \mathrm{j}} = \dfrac{(2 + \mathrm{j}5)(3 + \mathrm{j})}{(3 - \mathrm{j})(3 + \mathrm{j})}$

$$= \frac{6 - 5}{10} + \mathrm{j}\frac{2 + 15}{10}$$

$$= \frac{1}{10} + \mathrm{j}\frac{17}{10}$$ …答

5 複素数のいろいろな表し方

複素数の表し方はさまざま

I 複素数の表示

板書 ベクトル図と複素平面

① 直交座標表示

複素平面上の点を、

$$\dot{A} = a + \mathrm{j}b$$

の形で表す方法。

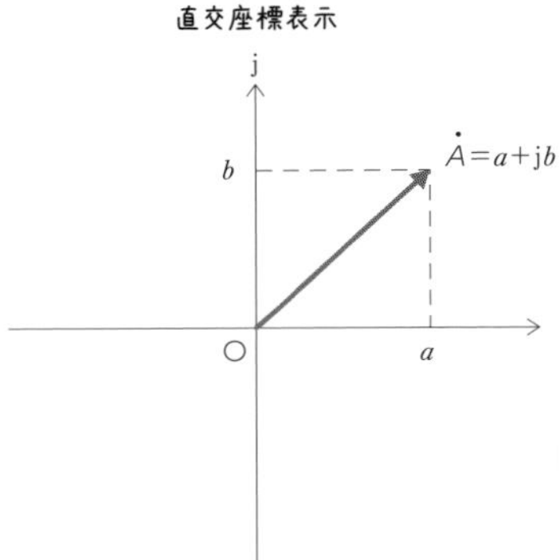

② 極座標表示

複素平面上の点を、大きさAと角度θで、

$$\dot{A} = A\angle\theta$$

の形で表す方法。

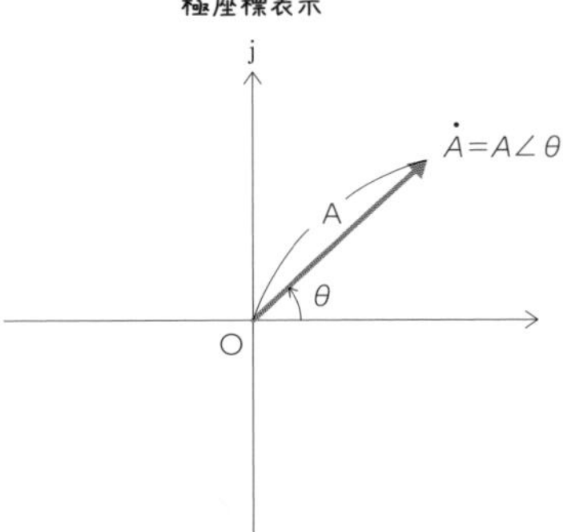

③ 三角関数表示

$$\dot{A} = A(\cos\theta + \mathrm{j}\sin\theta)$$

と表す方法。

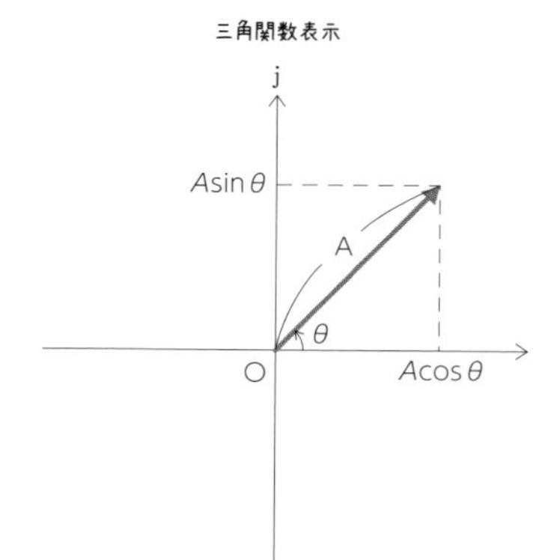

④ 指数関数表示

オイラーの公式

$\varepsilon^{\mathrm{j}\theta} = \cos\theta + \mathrm{j}\sin\theta$ を使って，

$$\dot{A} = A\varepsilon^{\mathrm{j}\theta}$$

と表す方法。

ひとこと

ε をネイピア数といい，$\varepsilon = 2.71828\cdots$ となります。自然対数の底としてよく用いられます。ε のかわりに，ネイピア数を e で表すこともあります。

基本例題　　複素数の表し方 1

図に示す複素数を，(1)直交座標表示　(2)極座標表示　(3)三角関数表示　(4)指数関数表示で表しなさい。

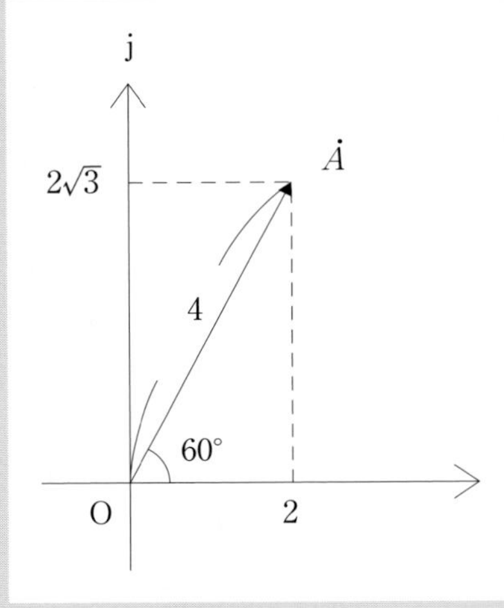

解答

$A = 4$,　$\theta = 60°$ であるから，

(1)　直交座標表示：$\dot{A} = 2 + \mathrm{j}2\sqrt{3}$ …答

(2)　極 座 標 表 示：$\dot{A} = 4\angle 60°$ …答

(3)　三角関数表示：$\dot{A} = 4(\cos 60° + \mathrm{j}\sin 60°)$ …答

(4)　指数関数表示：$\dot{A} = 4\varepsilon^{\mathrm{j}60°}$ …答

基本例題　　複素数の表し方 2

$\dot{A} = 4\angle 60°$，$\dot{B} = 2\angle 30°$ のとき，次の計算をしなさい。

(1)　$\dot{A} + \dot{B}$　　(2)　$\dot{A} - \dot{B}$

(3)　$\dot{A} \cdot \dot{B}$　　(4)　$\dfrac{\dot{A}}{\dot{B}}$

解答

足し算と引き算は三角関数表示を利用し，直交座標表示に直してから計算します。

$$\dot{A} = 4\angle 60° = 4(\cos 60° + \mathrm{j}\sin 60°) = 4\left(\frac{1}{2} + \mathrm{j}\frac{\sqrt{3}}{2}\right) = 2 + \mathrm{j}2\sqrt{3}$$

$$\dot{B} = 2\angle 30° = 2(\cos 30° + \mathrm{j}\sin 30°) = 2\left(\frac{\sqrt{3}}{2} + \mathrm{j}\frac{1}{2}\right) = \sqrt{3} + \mathrm{j}$$

(1) $\dot{A} + \dot{B} = (2 + \mathrm{j}2\sqrt{3}) + (\sqrt{3} + \mathrm{j})$

$= (2 + \sqrt{3}) + \mathrm{j}(2\sqrt{3} + 1)$ …答

(2) $\dot{A} - \dot{B} = (2 + \mathrm{j}2\sqrt{3}) - (\sqrt{3} + \mathrm{j})$

$= (2 - \sqrt{3}) + \mathrm{j}(2\sqrt{3} - 1)$ …答

掛け算と割り算は，指数関数に直してから計算します。その後，直交座標表示に変換します。

$\dot{A} = 4\angle 60° = 4\varepsilon^{\mathrm{j}60°}$

$\dot{B} = 2\angle 30° = 2\varepsilon^{\mathrm{j}30°}$

(3) $\dot{A}\cdot\dot{B} = 4\varepsilon^{\mathrm{j}60°}\cdot 2\varepsilon^{\mathrm{j}30°}$

$= 8\varepsilon^{\mathrm{j}(60° + 30°)}$

$= 8\varepsilon^{\mathrm{j}90°}$

$= 8(\cos 90° + \mathrm{j}\sin 90°)$

$= \mathrm{j}8$ …答

(4) $\dfrac{\dot{A}}{\dot{B}} = \dfrac{4\varepsilon^{\mathrm{j}60°}}{2\varepsilon^{\mathrm{j}30°}} = 2\varepsilon^{\mathrm{j}(60° - 30°)}$

$= 2\varepsilon^{\mathrm{j}30°}$

$= 2(\cos 30° + \mathrm{j}\sin 30°)$

$= \sqrt{3} + \mathrm{j}$ …答

ひとこと

複素数の掛け算の意味

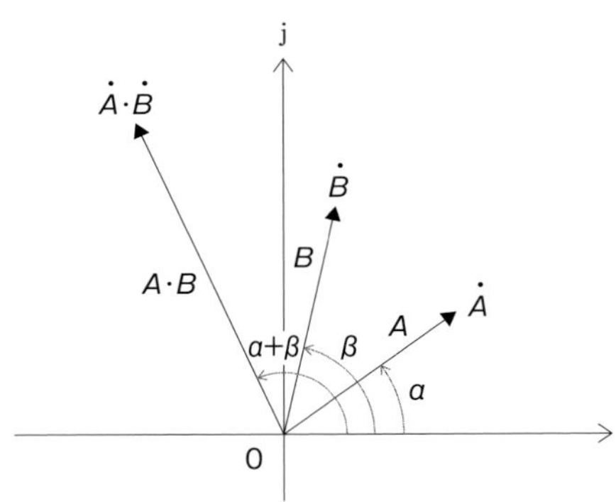

$\dot{A}=A\varepsilon^{j\alpha}$，$\dot{B}=B\varepsilon^{j\beta}$のとき，

$$\dot{A}\cdot\dot{B}=A\varepsilon^{j\alpha}\cdot B\varepsilon^{j\beta}=A\cdot B\varepsilon^{j(\alpha+\beta)}$$

となることから，複素数を掛け合わせると，絶対値は複素数$\dot{A}$，$\dot{B}$の大きさの掛け算，角度は足し算であることがわかります。

よって，$\dot{A}=A\angle\alpha$，$\dot{B}=B\angle\beta$のとき，

$$\dot{A}\cdot\dot{B}=A\cdot B\angle(\alpha+\beta)$$
$$|\dot{A}\cdot\dot{B}|=|\dot{A}|\cdot|\dot{B}|$$

となります。

SECTION 09 試験問題にチャレンジ

R-L直列回路

図に示す交流回路は，電流$\dot{I} = 4\angle 45°$ A，インピーダンス$\dot{Z} = 9\angle 15°$ Ωである。電圧$\dot{E}$[V]を表す式として正しいものを次の(1)～(5)から選べ。ただし，電圧$\dot{E}$，電流$\dot{I}$およびインピーダンス$\dot{Z}$について，次の関係が成り立つ。

$$\dot{E} = \dot{I}\cdot\dot{Z}$$

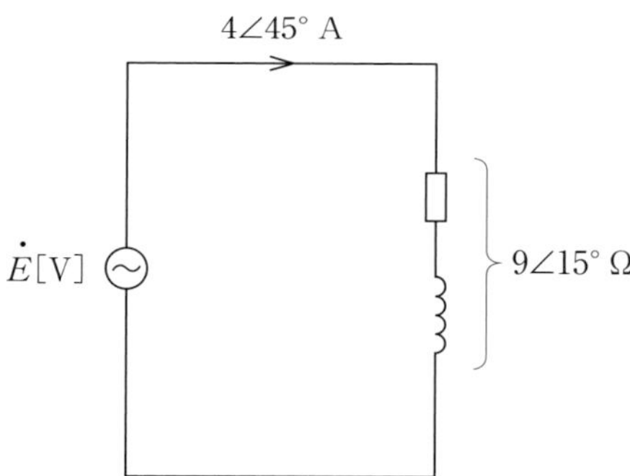

(1)　$18 + \mathrm{j}18\sqrt{3}$　(2)　$18 - \mathrm{j}18\sqrt{3}$　(3)　$18\sqrt{3} + \mathrm{j}18$
(4)　$18\sqrt{3} - \mathrm{j}18$　(5)　$18\sqrt{3} + \mathrm{j}18\sqrt{3}$

解答

$$\begin{aligned}\dot{E} &= \dot{I}\cdot\dot{Z} = 4\angle 45°\cdot 9\angle 15°\\ &= 4\cdot 9\angle(45° + 15°)\\ &= 36\angle 60°\\ &= 36(\cos 60° + \mathrm{j}\sin 60°)\\ &= 36\left(\frac{1}{2} + \mathrm{j}\frac{\sqrt{3}}{2}\right)\\ &= 18 + \mathrm{j}18\sqrt{3}\ \mathrm{V}\end{aligned}$$

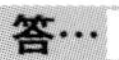
答… (1)

索 引

あ行

移項……163
位相……66,211
位置エネルギー……74
一次方程式……161
一般角……207
因数分解……180
インダクタンス……64
インピーダンス……67
運動エネルギー……74
オームの法則……45

か行

界磁……89,97
回転子……95
回路図……49
架空送電線路……79
核分裂……76
重ね合わせの理……55
加法定理……217
火力発電……75
共役複素数……240
極座標表示……231
キルヒホッフの第一法則……55
キルヒホッフの第二法則……55
クーロンの法則……57
原子……40
原子核……40
原子力発電……76
合成抵抗……54
効率……91
交流……49,65
固定子……94
弧度法……200
コロナ放電……80
コンデンサ……59

さ行

最小定理……193
最大値……66
三角比……202
三相交流回路……67
三平方の定理……204
磁界……60
磁気誘導……60
指数……138
磁性……60
磁束……60
実効値……66
自由電子……42
周波数……65
需要率……116
乗法公式……178
水力発電……73
スカラ……224
滑り……95
正弦波交流……65
静電気……57
静電誘導……57
絶縁……114
絶縁体……42
絶対値……225
接地工事……115
接頭辞……47,148
素因数分解……135
損失……90

た行

対数……154
たるみ……80
単位記号……46
地中電線路……79
調相設備……78
直流……49,54
直流機……88
直交座標表示……231
抵抗……45
テブナンの定理……56
電圧……43
電位……43
電荷……42
電界……58
電気……40
電気回路……48
電気工作物……109
電気工事士法……108
電気事業法……107
電機子反作用……88

電気設備の技術基準の解釈……112
電気設備に関する技術基準を定める省令……112
電気用品……108
電気用品安全法……108
電子……40
電磁誘導……63
電磁力……61
電束……58
電流……43
電力……45
電力量……46
同期機……97
同期速度……95
導体……42
度数法……200
トルク……62

な行

二次方程式……184
二次方程式の解の公式……184
熱エネルギー……74
熱サイクル……75
熱力学の第 1 法則……74

は行

パーセントインピーダンス……78
倍角の公式……217
配電……81
発電……72
半角の公式……217
半導体……42
繁分数……128
PV線図……76
皮相電力……67
ピタゴラスの定理……204
比誘電率……59
ファラデーの法則……63
負荷率……116
複素数……237
複素平面……238
不等率……117
フラッシオーバ……80
ブリッジ回路……56
フレミングの左手の法則……62
フレミングの右手の法則……64
分配法則……143,177
平均値……66
並行運転……91
平方根……133
ベクトル……224
ベルヌーイの定理……73
変圧器……90
変電……77

ま行

右ねじの法則……61,88

や行

有効電力……67
誘電率……59
誘導機……92
有理化……136
陽子……41
余弦定理……213

ら行

ランキンサイクル……75
力率……67,117
立体角……202
量記号……46
累乗……138
レンツの法則……63

執筆者

澤田隆治（代表執筆者）
青野　晃
田中真実
浅井啓介

装丁

黒瀬章夫（Nakaguro Graph）

イラスト

matsu（マツモト　ナオコ）
anzubou
エイブルデザイン

みんなが欲しかった！　電験三種シリーズ

みんなが欲(ほ)しかった！ 電験三種合格(でんけんさんしゅごうかく)へのはじめの一歩(いっぽ)　第(だい)3版(はん)

2018年1月31日　初　版　第1刷発行
2024年3月25日　第3版　第1刷発行

編 著 者　TAC出版開発グループ
発 行 者　多 田 敏 男
発 行 所　TAC株式会社　出版事業部
(TAC出版)

〒101-8383
東京都千代田区神田三崎町3-2-18
電 話 03(5276)9492(営業)
FAX 03(5276)9674
https://shuppan.tac-school.co.jp

組　版　株式会社 グ ラ フ ト
印　刷　株式会社 ワ コ ー
製　本　株式会社 常 川 製 本

© TAC 2024　Printed in Japan

ISBN 978-4-300-10880-2
N.D.C. 540.79

本書は,「著作権法」によって，著作権等の権利が保護されている著作物です。本書の全部または一部につき，無断で転載，複写されると，著作権等の権利侵害となります。上記のような使い方をされる場合，および本書を使用して講義・セミナー等を実施する場合には，小社宛許諾を求めてください。

乱丁・落丁による交換，および正誤のお問合せ対応は，該当書籍の改訂版刊行月末日までといたします。なお，交換につきましては，書籍の在庫状況等により，お受けできない場合もございます。

また，各種本試験の実施の延期，中止を理由とした本書の返品はお受けいたしません。返金もいたしかねますので，あらかじめご了承くださいますようお願い申し上げます。

TAC電験三種講座のご案内

「みんなが欲しかった！ 電験三種 教科書&問題集」を
お持ちの方は

「教科書&問題集なし」コースで
お得に受講できます!!

TAC電験三種講座のカリキュラムでは、「みんなが欲しかった！電験三種 教科書&問題集」を教材として使用しておりますので、既にお持ちの方でも「教科書&問題集なし」コースでお得に受講する事ができます。独学ではわかりにくい問題も、TAC講師の解説で本質と基本の理解度が深まります。また、学習環境や手厚いフォロー制度で本試験合格に必要なアウトプット力が身につきますので、ぜひ体感してください。

こんな方にオススメ！

- 教科書に書き込んだ内容を活かしたい！
- ほかの解き方も知りたい！
- 本質的な理解をしたい！
- 講師に質問をしたい！

TACだからこそ提供できる合格ノウハウとサポート力！

TAC電験三種講座 5つの特長

POINT 1 電験三種を知り尽くしたTAC講師陣！

「試験に強い講師」「実務に長けた講師」が様々な色を
持つ各科目の関連性を明示した講義を行います！

POINT 2 新試験制度も対応！ 全科目も科目も狙えるカリキュラム

分析結果を基に効率よく学習する最強の学習方法！

- 十分な学習時間を用意し、学習範囲を基礎的なものに絞ったカリキュラム
- 過去問に対応できる知識の運用まで教えます！
- 半年、1年で4科目を駆け抜けることも可能！

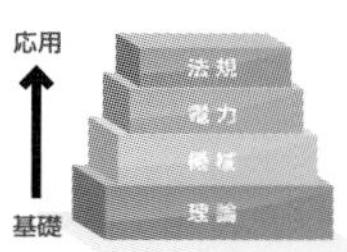

講義ボリューム

	理論	機械	電力	法規
TAC	18	19	17	9
他社例	4	4	4	2

丁寧な講義でしっかり理解！
※2024年合格目標4科目完全合格コースの場合

はじめてでも安心！ 効率的に無理なく全科目合格を目指せる！

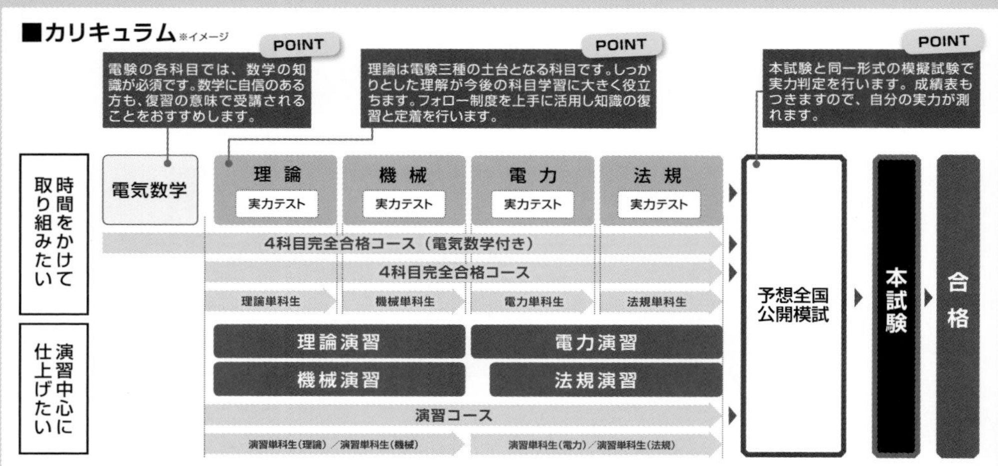

※コース名称等は変更となる場合がございます。※コース・料金、日程等の詳細はTAC電験三種講座のホームページをご覧ください。

売上No.1*の実績を持つわかりやすい教材！

「みんなが欲しかった！シリーズ」を使った講座なのでお手持ちの教材も使用可能！

TAC出版の大人気シリーズ教材を使って学習します。
教科書で学習したあとに、厳選した重要問題を解く。解けない問題があったら教科書で復習することで効率的に実力がつき、全科目の合格を目指せます。

*※紀伊國屋書店・丸善ジュンク堂書店・三省堂書店・TSUTAYA各社POS売上データをもとに弊社にて集計（2019年1月～2023年12月）
「みんなが欲しかった！ 電験三種 はじめの一歩」、「みんなが欲しかった！ 電験三種 理論の教科書 & 問題集」、
「みんなが欲しかった！ 電験三種 電力の教科書 & 問題集」、「みんなが欲しかった！ 電験三種 機械の教科書 & 問題集」、
「みんなが欲しかった！ 電験三種 法規の教科書 & 問題集」、「 みんなが欲しかった！ 電験三種の10年過去問題集」

自分の環境で選べる学習スタイル！

無理なく学習できる！ 通学講座だけでなくWeb通信・DVD通信講座も選べる！

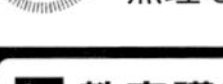

教室講座
日程表に合わせてTACの教室で講義を受講する学習スタイルです。欠席フォロー制度なども充実していますので、安心して学習を進めていただけます。

ビデオブース講座
収録した講義映像をTAC各校舎のビデオブースで視聴する学習スタイルです。ご自宅で学習しにくい環境の方にオススメです。

Web通信講座
インターネットを利用していつでもどこでも教室講義と変わらぬ臨場感と情報量で集中学習が可能です。時間にとらわれず、学習したい方にオススメです。

DVD通信講座
教室講義を収録した講義DVDで学習を進めます。DVDプレーヤーがあれば、外出先でもどこでも学習可能です。

合格するための充実のサポート。安心の学習フォロー！

講義を休んだらどうなるの？ そんな心配もTACなら不要！ 下記以外にも多数ご用意！

質問制度

様々な学習環境にも対応できるよう質問制度が充実しています。

- 講義後に講師に直接質問
- 校舎での対面質問
- 質問メール
- 質問電話
- 質問カード
- オンライン質問

Webフォロー 標準装備

受講している同一コースの講義を、インターネットを通じて学習できるフォロー制度です。弱点補強等、講義の復習や欠席フォローとして、様々にご活用できます！

- いつでも好きな時間に何度でも繰り返し受講することができます。
- 講義を欠席してしまったときや復習用としてもオススメです。

自習室の利用 コース生のみ

家で集中して学習しにくい方向けに教室を自習室として開放しています。

i-support

インターネットでメールでの質問や最新試験情報など、役立つ情報満載！

最後の追い込みもTACがしっかりサポート！

予想全国公開模試 CBT or 筆記

**全国順位も出る！
実力把握に最適！**

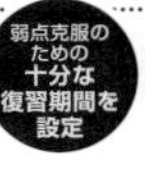

本試験さながらの緊張感の中で行われる予想全国公開模試は受験必須です！ 得点できなかった論点など、弱点をしっかり克服して本試験に挑むことができ、関東・関西・名古屋などの会場で実施予定です。またご自宅でも受験することができます。予想全国公開模試の詳細は、ホームページをご覧ください。

オプション講座・直前対策

直前期に必要な知識を総まとめ！

強化したいテーマのみの受講や、直前対策とポイントに絞った講義で総仕上げできます。
詳細は、ホームページをご覧ください。

※電験三種各種コース生には、「予想全国公開模試」が含まれておりますので、別途お申込みの必要はありません。

資料請求・お問い合わせ

平日・土日祝／10:00～17:00

※営業時間変更の場合がございます。詳細はHPにてご確認ください。

TAC電験三種ホームページで最新情報をチェック！

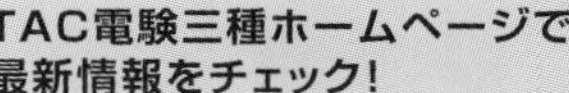

TAC出版 書籍のご案内

TAC出版では、資格の学校TAC各講座の定評ある執筆陣による資格試験の参考書をはじめ、資格取得者の開業法や仕事術、実務書、ビジネス書、一般書などを発行しています！

TAC出版の書籍

＊一部書籍は、早稲田経営出版のブランドにて刊行しております。

資格・検定試験の受験対策書籍

- 日商簿記検定
- 建設業経理士
- 全経簿記上級
- 税　理　士
- 公認会計士
- 社会保険労務士
- 中小企業診断士
- 証券アナリスト
- ファイナンシャルプランナー(FP)
- 証券外務員
- 貸金業務取扱主任者
- 不動産鑑定士
- 宅地建物取引士
- 賃貸不動産経営管理士
- マンション管理士
- 管理業務主任者
- 司法書士
- 行政書士
- 司法試験
- 弁理士
- 公務員試験(大卒程度・高卒者)
- 情報処理試験
- 介護福祉士
- ケアマネジャー
- 電験三種　ほか

実務書・ビジネス書

- 会計実務、税法、税務、経理
- 総務、労務、人事
- ビジネススキル、マナー、就職、自己啓発
- 資格取得者の開業法、仕事術、営業術

一般書・エンタメ書

- ファッション
- エッセイ、レシピ
- スポーツ
- 旅行ガイド（おとな旅プレミアム/旅コン）

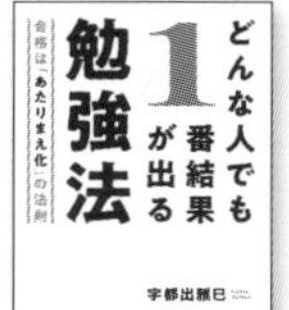

(2024年2月現在)

書籍のご購入は

1 全国の書店、大学生協、ネット書店で

2 TAC各校の書籍コーナーで

資格の学校TACの校舎は全国に展開!
校舎のご確認はホームページにて

資格の学校TAC ホームページ
https://www.tac-school.co.jp

3 TAC出版書籍販売サイトで

TAC 出版 で 検索

https://bookstore.tac-school.co.jp/

新刊情報を
いち早くチェック!

たっぷり読める
立ち読み機能

学習お役立ちの
特設ページも充実!

TAC出版書籍販売サイト「サイバーブックストア」では、TAC出版および早稲田経営出版から刊行されている、すべての最新書籍をお取り扱いしています。
また、会員登録(無料)をしていただくことで、会員様限定キャンペーンのほか、送料無料サービス、メールマガジン配信サービス、マイページのご利用など、うれしい特典がたくさん受けられます。

サイバーブックストア会員は、特典がいっぱい!(一部抜粋)

通常、1万円(税込)未満のご注文につきましては、送料・手数料として500円(全国一律・税込)頂戴しておりますが、1冊から無料となります。

専用の「マイページ」は、「購入履歴・配送状況の確認」のほか、「ほしいものリスト」や「マイフォルダ」など、便利な機能が満載です。

メールマガジンでは、キャンペーンやおすすめ書籍、新刊情報のほか、「電子ブック版TACNEWS(ダイジェスト版)」をお届けします。

書籍の発売を、販売開始当日にメールにてお知らせします。これなら買い忘れの心配もありません。

書籍の正誤に関するご確認とお問合せについて

書籍の記載内容に誤りではないかと思われる箇所がございましたら、以下の手順にてご確認とお問合せをしてくださいますよう、お願い申し上げます。
なお、正誤のお問合せ以外の**書籍内容に関する解説および受験指導などは、一切行っておりません。**
そのようなお問合せにつきましては、お答えいたしかねますので、あらかじめご了承ください。

1 「Cyber Book Store」にて正誤表を確認する

TAC出版書籍販売サイト「Cyber Book Store」のトップページ内「正誤表」コーナーにて、正誤表をご確認ください。

CYBER BOOK STORE TAC出版書籍販売サイト

URL:https://bookstore.tac-school.co.jp/

2 1の正誤表がない、あるいは正誤表に該当箇所の記載がない ⇒ 下記①、②のどちらかの方法で文書にて問合せをする

★ご注意ください★

お電話でのお問合せは、お受けいたしません。
①、②のどちらの方法でも、お問合せの際には、「お名前」とともに、
「対象の書籍名(○級・第○回対策も含む)およびその版数(第○版・○○年度版など)」
「お問合せ該当箇所の頁数と行数」
「誤りと思われる記載」
「正しいとお考えになる記載とその根拠」
を明記してください。
なお、回答までに1週間前後を要する場合もございます。あらかじめご了承ください。

① ウェブページ「Cyber Book Store」内の「お問合せフォーム」より問合せをする

【お問合せフォームアドレス】

https://bookstore.tac-school.co.jp/inquiry/

② メールにより問合せをする

【メール宛先 TAC出版】

syuppan-h@tac-school.co.jp

※土日祝日はお問合せ対応をおこなっておりません。
※正誤のお問合せ対応は、該当書籍の改訂版刊行月末日までといたします。

乱丁・落丁による交換は、該当書籍の改訂版刊行月末日までといたします。なお、書籍の在庫状況等により、お受けできない場合もございます。
また、各種本試験の実施の延期、中止を理由とした本書の返品はお受けいたしません。返金もいたしかねますので、あらかじめご了承くださいますようお願い申し上げます。

TACにおける個人情報の取り扱いについて
■お預かりした個人情報は、TAC(株)で管理させていただき、お問合せへの対応、当社の記録保管にのみ利用いたします。お客様の同意なしに業務委託先以外の第三者に開示、提供することはございません(法令等により開示を求められた場合を除く)。その他、個人情報保護管理者、お預かりした個人情報の開示等及びTAC(株)への個人情報の提供の任意性については、当社ホームページ(https://www.tac-school.co.jp)をご覧いただくか、個人情報に関するお問い合わせ窓口(E-mail:privacy@tac-school.co.jp)までお問合せください。

(2022年7月現在)